2020年度

全国农业科研机构年度工作报告

中国农业科技管理研究会
农业农村部科技发展中心 编著

中国农业科学技术出版社

图书在版编目（CIP）数据

全国农业科研机构年度工作报告．2020年度 / 中国农业科技管理研究会，农业农村部科技发展中心编著．-- 北京：中国农业科学技术出版社，2021.12
ISBN 978-7-5116-5625-4

Ⅰ．①全… Ⅱ．①中… ②农… Ⅲ．①农业科学－科学研究组织机构－研究报告－中国－2020 Ⅳ．①S-242

中国版本图书馆CIP数据核字（2021）第262906号

责任编辑 张志花
责任校对 贾海霞
责任印制 姜义伟 王思文

出 版 者 中国农业科学技术出版社
北京市中关村南大街12号 邮编：100081
电 话 （010）82106636（编辑室）（010）82109702（发行部）
（010）82109709（读者服务部）
传 真 （010）82106631
网 址 http://www.castp.cn
经 销 者 各地新华书店
印 刷 者 北京捷迅佳彩印刷有限公司
开 本 210 mm × 285 mm 1/16
印 张 11.75
字 数 240千字
版 次 2021年12月第1版 2021年12月第1次印刷
定 价 128.00元

编辑委员会

前　言

公益性农业科研机构作为农业科技创新和支撑产业发展的重要力量，始终把保障国家粮食安全和主要农产品有效供给等重大科技需求作为出发点，攻坚克难，开拓创新，形成了一批又一批重大的农业科技成果，成为实现农业现代化的重要支撑力量。为了及时反映我国农业科研机构改革与发展状况，总结交流省级以上农业科研单位工作进展和科研成果，我们从 2016 年开始，每年以各单位在上一年度的基础信息分析和最新成果凝练为重点，根据科技部提供的地市级以上农业科研机构年度统计数据和全国公益性农（牧、垦）业科研单位征集的资料，整理编撰了 2020 年度的全国农业科研机构工作报告。

本报告分为两个部分，第一部分为基础数据汇总分析，主要反映全国地市级以上（含地市级）农业科研机构、人员、经费、课题、基本建设和固定资产、论文与专利、研究与开发活动、对外科技服务情况等数据，并附相应的图表。第二部分为省级以上农科院年度工作报告，由省级以上农业科研单位提供，主要反映省级以上农业科研机构的基本情况和年度科研工作取得的成效。

本报告可为各级农业主管部门以及广大的农业科技工作者研究、分析和掌握科研机构的工作成效提供翔实资料和依据，为深化科研单位体制改革、提升农业科研水平提供决策参考。

编著者

2021 年 11 月

目录

第一部分　统计数据分析

第二部分　省级以上农科院年度工作报告

第一部分 | 统计数据分析

一 机 构

2020 年，全国地市级以上（含地市级）农业部门属全民所有制独立研究与开发机构（不含科技情报机构，以下简称“科研机构”）共有 974 个，绝对数比上年减少 56 个。其中部属科研机构 72 个（含部属“三院”及中国兽医药品监察所、全国农业技术推广服务中心、农业农村部规划设计研究院、农业农村部农业机械试验鉴定总站、中国动物疫病预防控制中心等）；省属科研机构 410 个，比上年减少 23 个；地市属科研机构 492 个，绝对数比上年减少 33 个。部属、省属和地市属科研机构数量分别占科研机构总数的 7%、42%、51%。种植业绝对数比上年减少 23 个，畜牧业绝对数比上年减少 2 个，渔业绝对数比上年减少 10 个，农垦绝对数比上年减少 2 个，农机化绝对数比上年减少 19 个。种植业、畜牧业、渔业、农垦、农机化科研机构分别占科研机构总数的 69%、13%、7%、5%、6%（图 1-1 至图 1-8)。

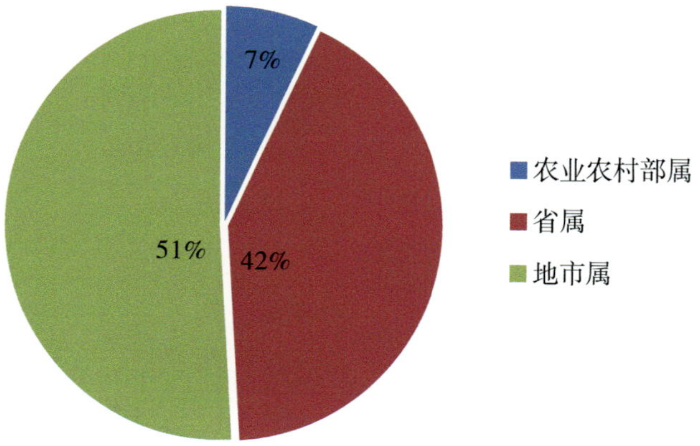

图 1-1　农业农村部属、省属和地市属科研机构数量比重

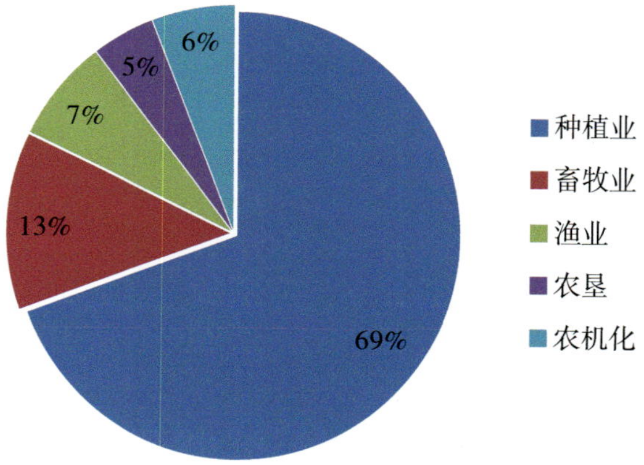

图 1-2　各行业在科研机构中所占比重

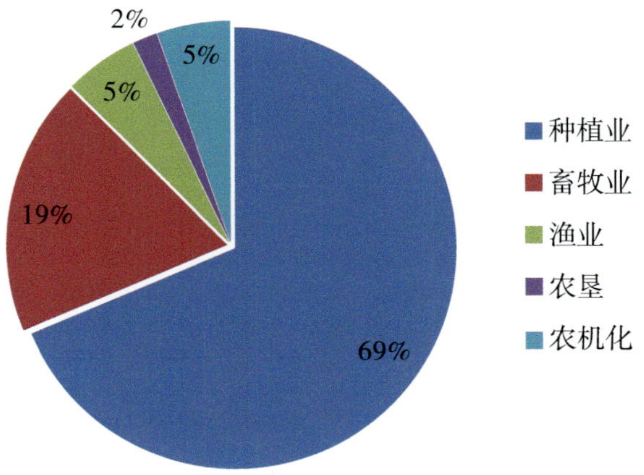

图 1-3　华北地区各行业在科研机构中所占比重

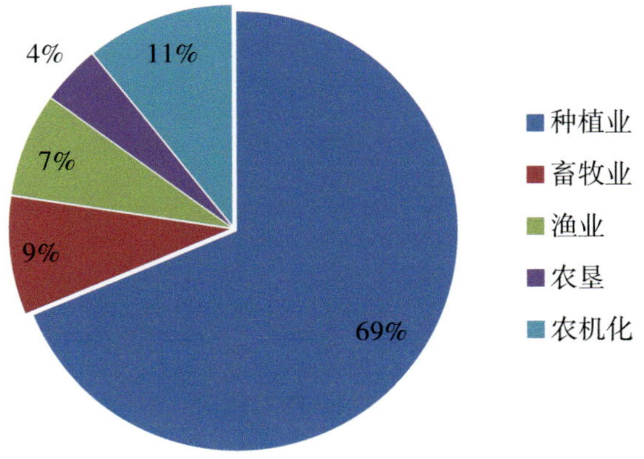

图 1-4　东北地区各行业在科研机构中所占比重

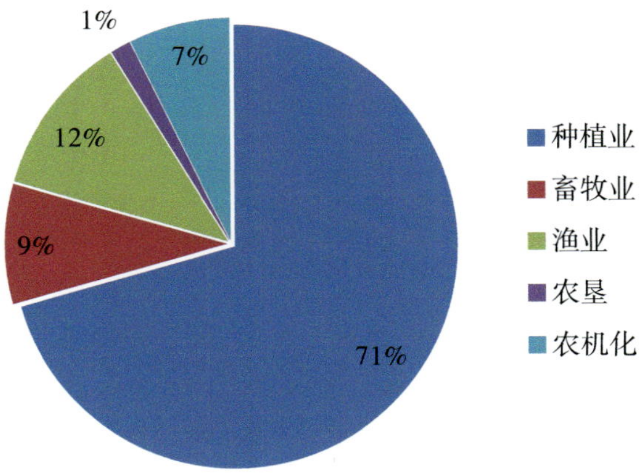

图 1-5　华东地区各行业在科研机构中所占比重

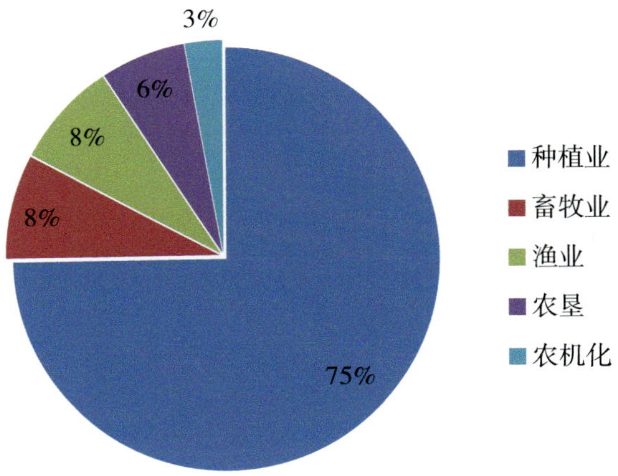

图 1-6　中南地区各行业在科研机构中所占比重

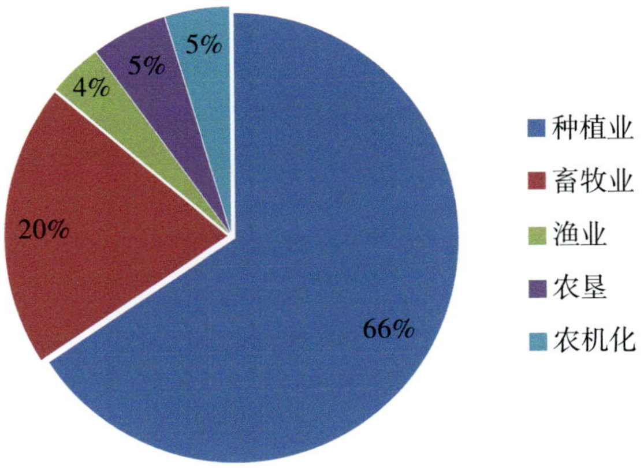

图 1-7　西南地区各行业在科研机构中所占比重

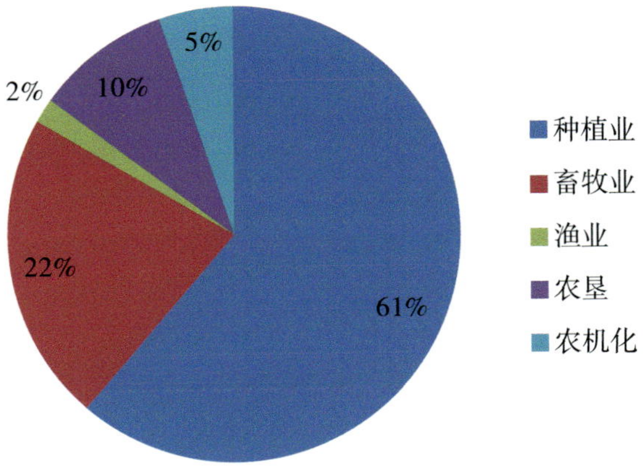

图 1-8　西北地区各行业在科研机构中所占比重

二 人　员

1. 全国农业科研机构人员构成情况

2020 年，全国农业科研机构职工及从事科技活动人员分别为 8.40 万人和 7.23 万人。科研机构职工人数比上年增加了 0.84%，从事科技活动人员比上年增加了 1.54%。在从事科技活动人员中，科技管理人员占 16.04%，比上年增加了 2.65%；课题活动人员占 65.84%，比上年增加了 1.06%；科技服务人员占 18.07%，比上年增加了 2.73%。在从业人员中，从事生产经营活动人员占 3.05%，比上年减少了 8.72%。离退休人员比上年减少了 0.15%。农业农村部属科研机构职工占从业人员的 19.44%，比上年增加了 3.82%；省属科研机构职工占从业人员的 47.85%，比上年减少了 2.19%；地市属科研机构职工占从业人员的 32.70%，比上年增加了 3.77%。从行业来看，种植业科研机构职工最多，占从业人员的 68.65%；农机化科研机构职工最少，占从业人员的 3.90%（图 1-9 至图 1-11）。

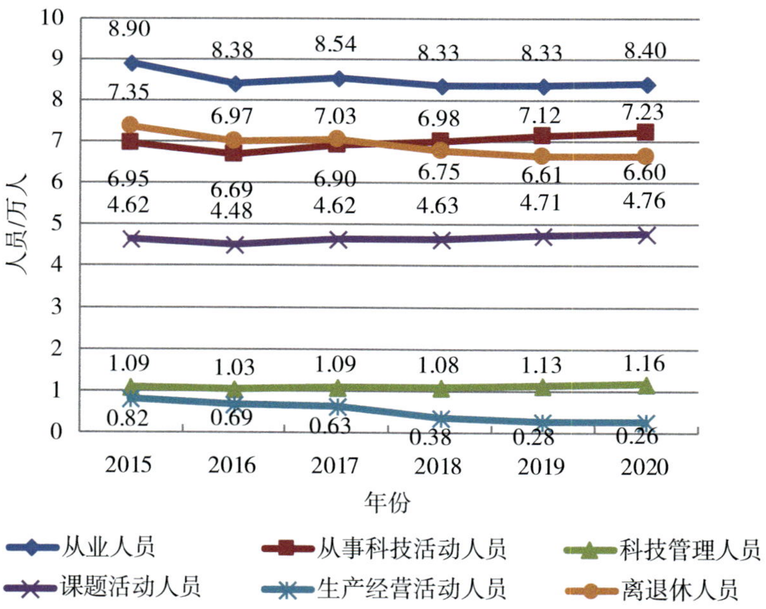

图 1-9　2015—2020 年全国农业科研机构人员变化趋势

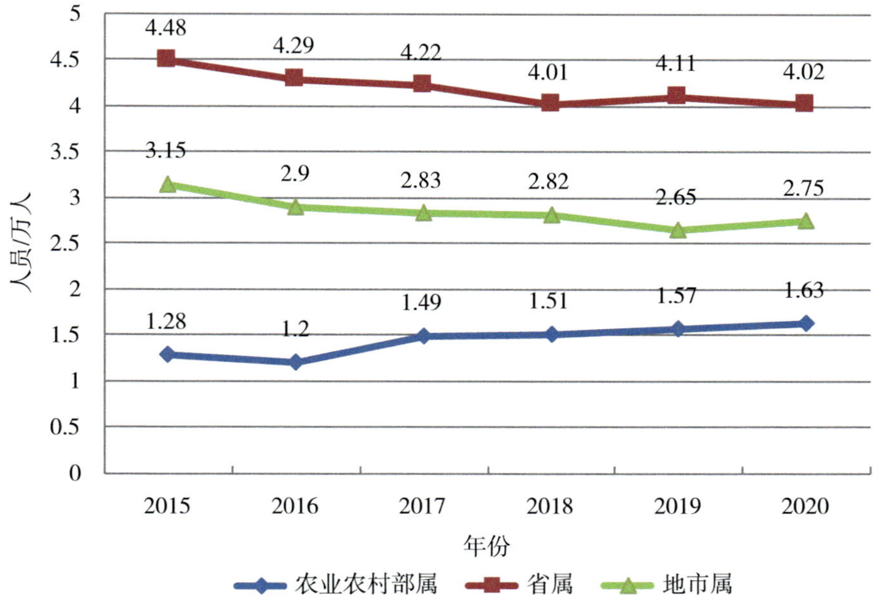

图 1-10　2015—2020 年农业农村部属、省属、地市属农业科研机构人员变化趋势

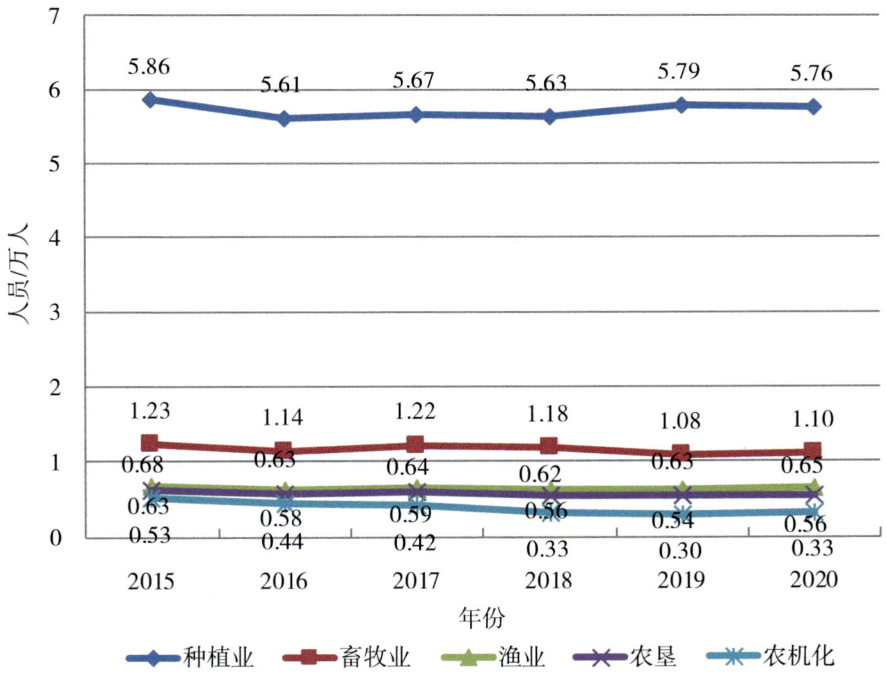

图 1-11　2015—2020 年从事种植业、畜牧业、渔业、农垦、农机化科研机构人员变化趋势

2. 全国农业科研机构从事科技活动人员学位、学历和职称情况

2020 年，全国农业科研机构从事科技活动的人员总数为 7.23 万人，比上年增加了 1.54%。其中，具有大专及其以上学历的有 6.52 万人（65 171 人），占从事科技活动总人数的 90.18%，比上年增加 2.68%。具有中高级职称人员 4.97 万人（49 748 人），占从事科技活动总人数的 68.74%，比上年减少 1.02%。高级、中级和初级职称人员数量比例为 1∶0.84∶0.34（图 1-12、图 1-13）。

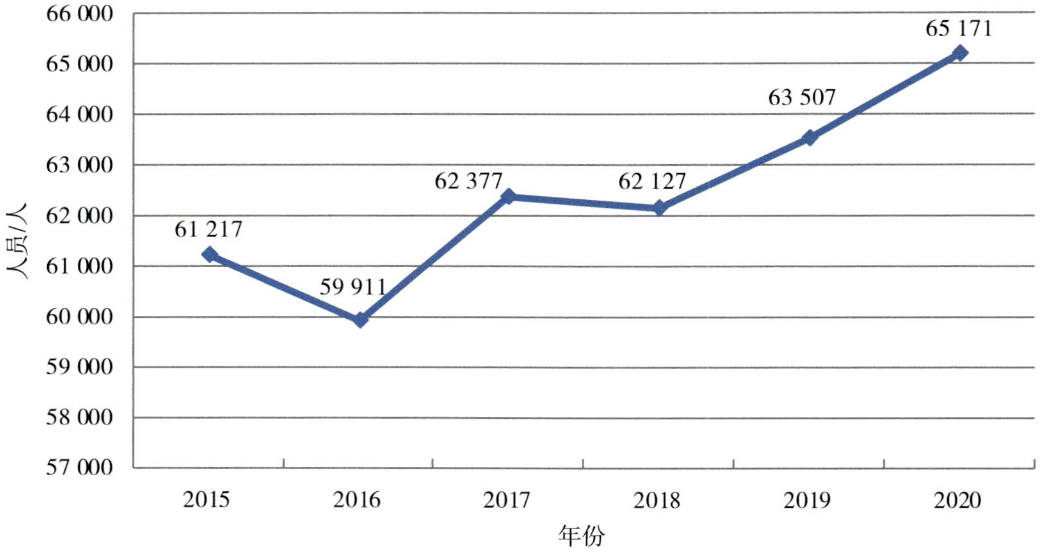

图 1–12　2015—2020 年具有大专及其以上学历人员变化趋势

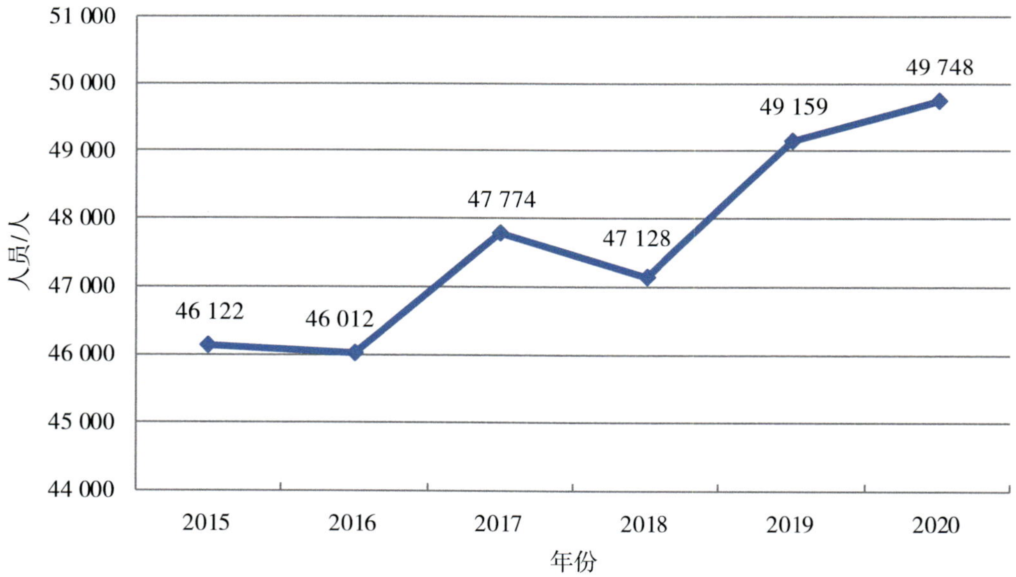

图 1–13　2015—2020 年具有中高级职称人员变化趋势

3. 全国农业科研机构人员流动情况

2020 年，全国农业科研机构新增人员 4 768 人，比上年增加 9.11%。其中应届高校毕业生占新增人员的 35.97%，比上年增加 43.5%。新增人员主要集中在省属机构中，占 46%。同年，减少人员 4 690 人，主要为离退休人员，占减少人员总数的 41.98%（图 1-14、图 1-15）。

图 1-14　2015—2020 年全国农业科研机构新增人员与新增人员中应届高校毕业生的变化趋势

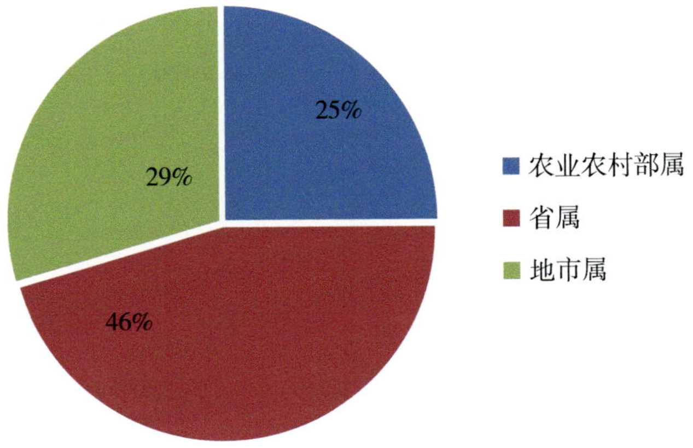

图 1-15　2020 年农业农村部属、省属、地市属农业科研机构新增人员的比重

三 经 费

1. 全国农业科研机构经常费收入情况

2020年，全国农业科研机构总收入371.43亿元，比上年增长了1.10%。国家对农业科技投入为278.58亿元，占年总收入的75.00%，比上年增长0.65%。非政府资金收入为57.29亿元，占年总收入的15.42%，比上年增加了13.96%。农业农村部属科研机构年总收入比上年同比减少1.55%，其中国家拨款占部属科研机构年总收入的66.47%，生产经营收入占部属机构年总收入的0.31%。就行业来看，政府拨款中种植业占的比重最大（图1-16）。

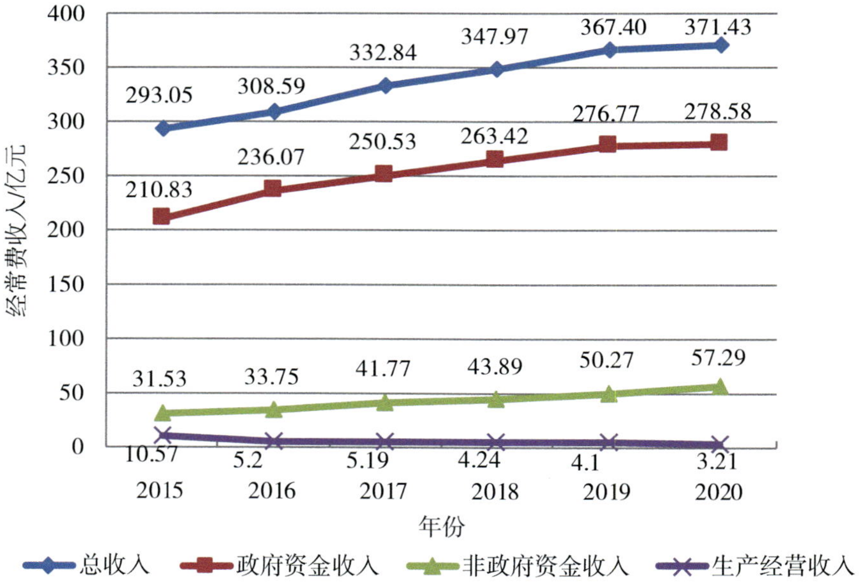

图1-16　2015—2020年全国农业科研机构收入状况的变化趋势

2. 全国农业科研机构经常费支出

2020 年，全国农业科研机构经常费内部支出总计 333.87 亿元，比上年增加了 1.47%。从整体支出项目来看，科技活动支出占总支出的 88.50%（图 1-17）。

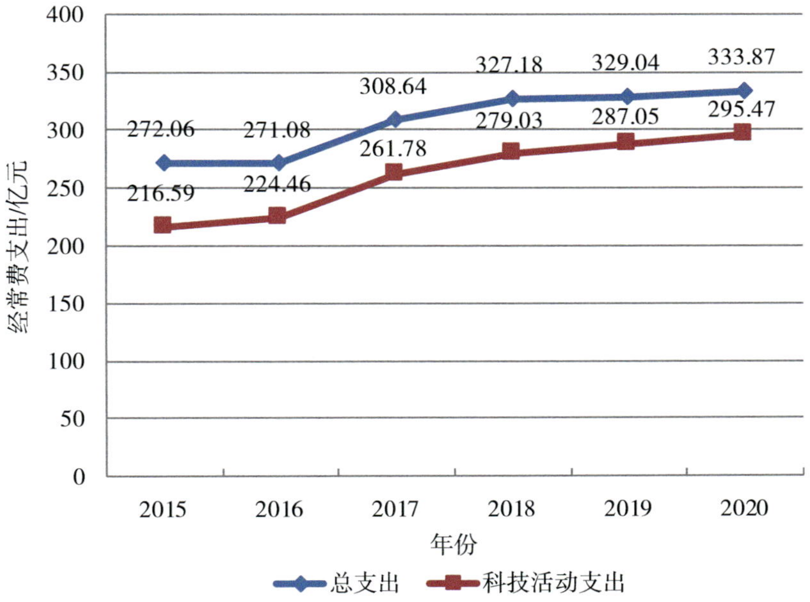

图 1-17　2015—2020 年全国农业科研机构经常费内部支出状况的变化趋势

四　基本建设和固定资产情况

2020 年，全国农业科研机构基本建设投资实际完成额 23.81 亿元，比上年减少 18.43%，其中科研土建工程实际完成额所占比重最大，占基本建设总投资额的 67.36%，比上年减少 18.46%。科研基建完成额 22.66 亿元，比上年减少 20.49%，其中政府拨款 19.53 亿元，占科研基建的 86.21%，比上年减少了 17.78%。从行业来看，种植业的基本建设投资实际完成额所占比重最大，占 66.87%，比上年减少 13.22%。

2020 年，全国农业科研机构年末固定资产原价 526.36 亿元，比上年增加 6.85%。其中科研房屋建筑物 202.09 亿元，占固定资产的 38.39%，比上年增加 6.92%；科研仪器设备 214.96 亿元，占固定资产的 40.84%，比上年增加 7.07%（图 1-18 至图 1-25）。

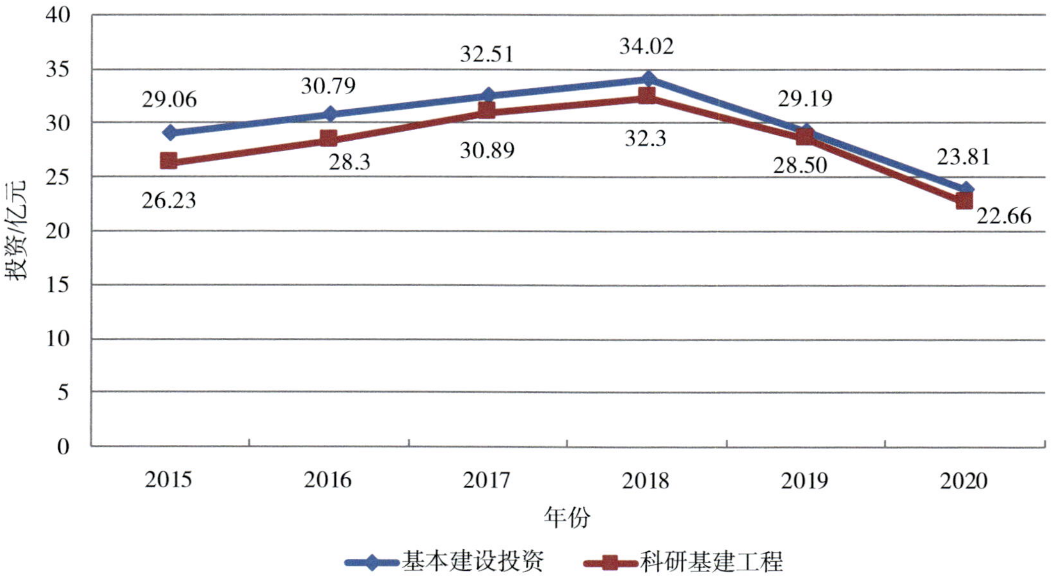

图 1-18　2015—2020 年全国农业科研机构基本建设投资与科研基建工程实际完成额的变化趋势

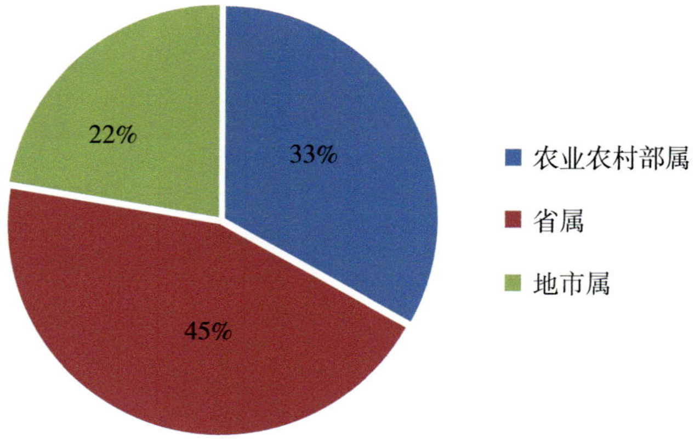

图 1-19　2020 年农业农村部属、省属、地市属科研机构基本建设投资实际完成额的比重

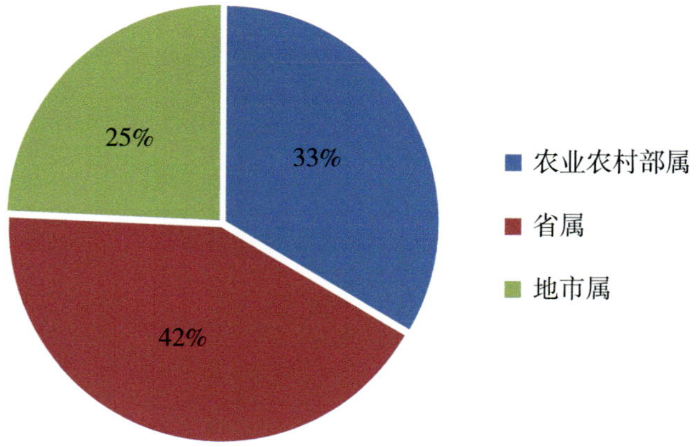

图 1-20　2020 年农业农村部属、省属、地市属科研机构科研土建工程实际完成额的比重

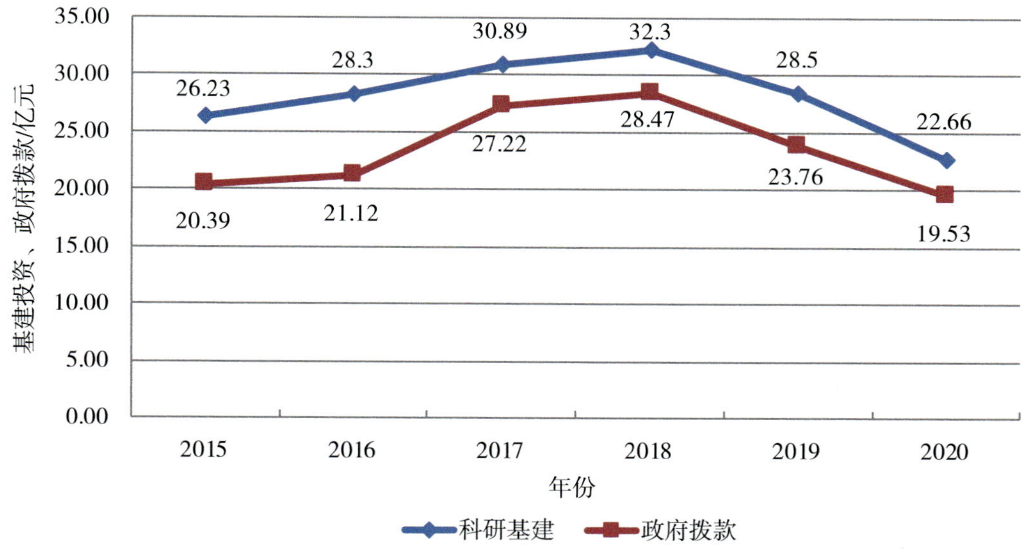

图 1-21　2015—2020 年全国农业科研机构科研基建与对科研基建的政府拨款状况变化趋势

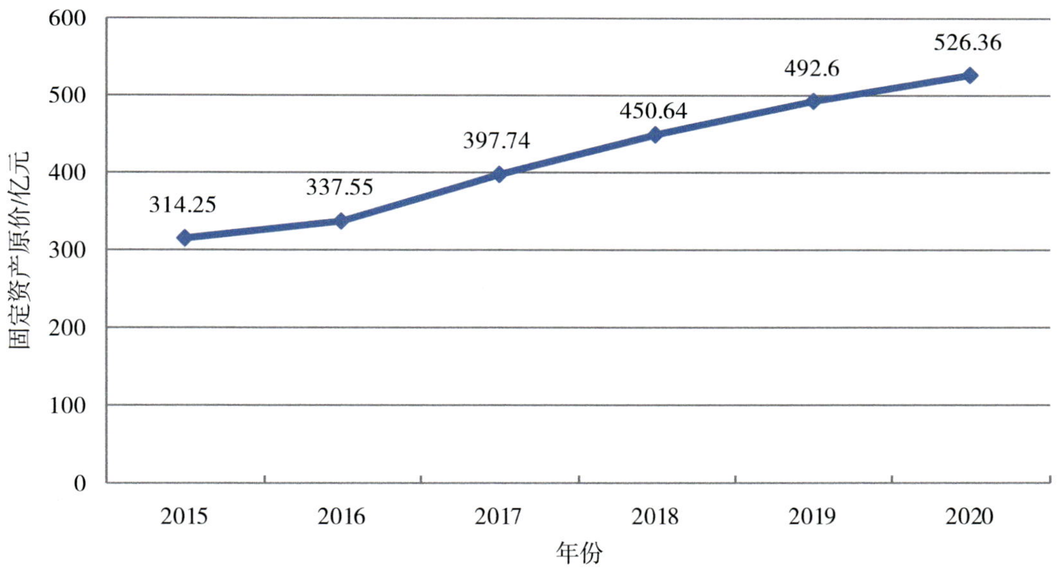

图 1-22　2015—2020 年全国农业科研机构年末固定资产原价的变化趋势

图 1-23　2015—2020 年全国农业科研机构科研房屋建筑物、科研仪器设备状况的变化趋势

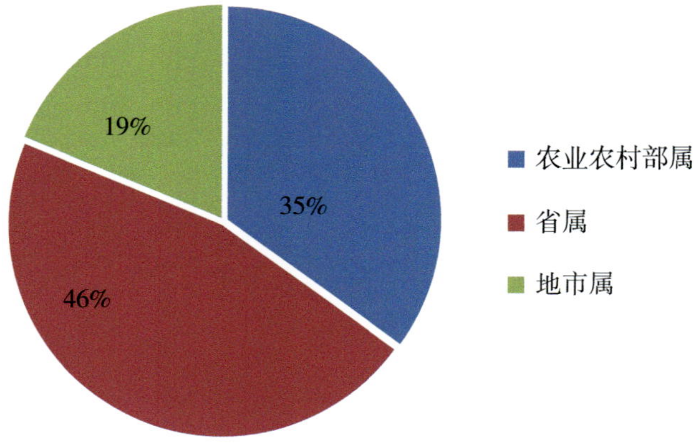

图 1-24　2020 年农业农村部属、省属、地市属农业科研机构科研房屋建筑物年末固定资产原价所占比重

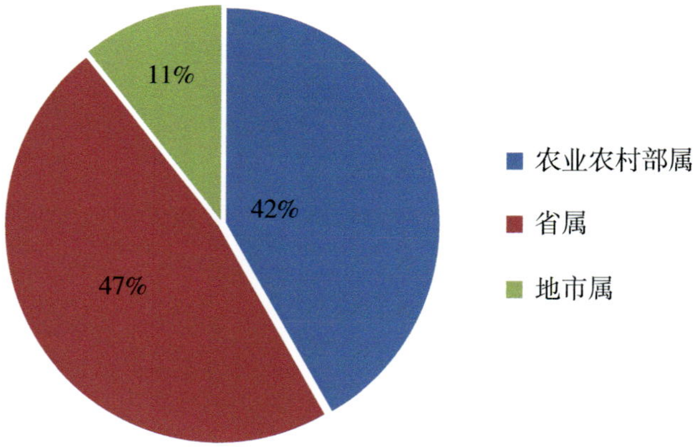

图 1-25　2020 年农业农村部属、省属、地市属农业科研机构科研仪器设备年末固定资产原价所占比重

五 课 题

2020 年，全国农业科研机构课题数量比上年减少 0.48%。课题经费内部支出 134.38 亿元，比上年增长 7.22%。投入人力折合全时工作量约为 5.47 万人年。在开展的课题中，试验发展类课题数量最多，占课题总数的 39%；其投入经费也最多，占经费内部支出的 45.94%，比上年增加了 5.96%（图 1-26 至图 1-33）。

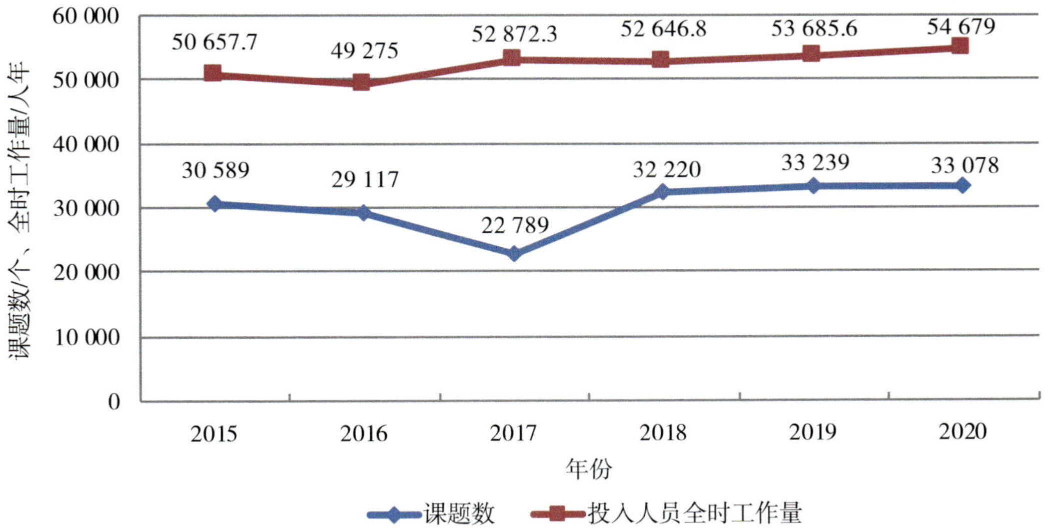

图 1-26　2015—2020 年全国农业科研机构课题数量与投入人员的变化趋势

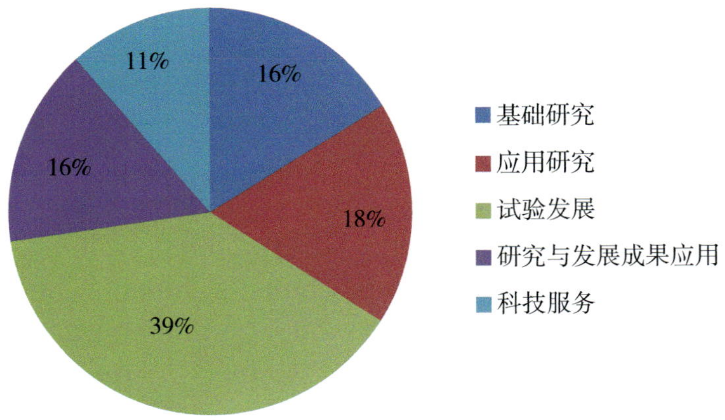

图 1-27　2020 年全国农业科研机构不同类型课题的课题数量与投入人员所占比重

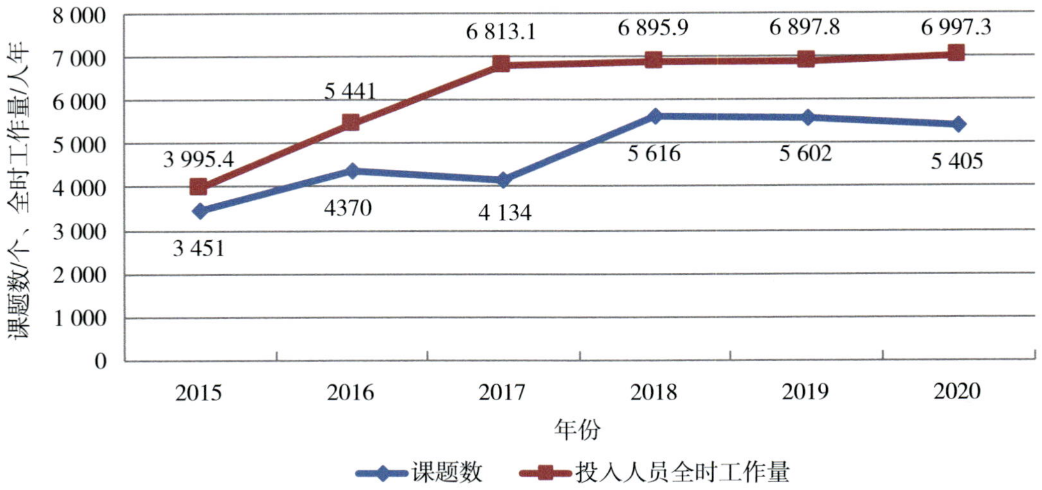

图 1-28　2015—2020 年全国农业科研机构中基础研究课题数量与投入人员的变化趋势

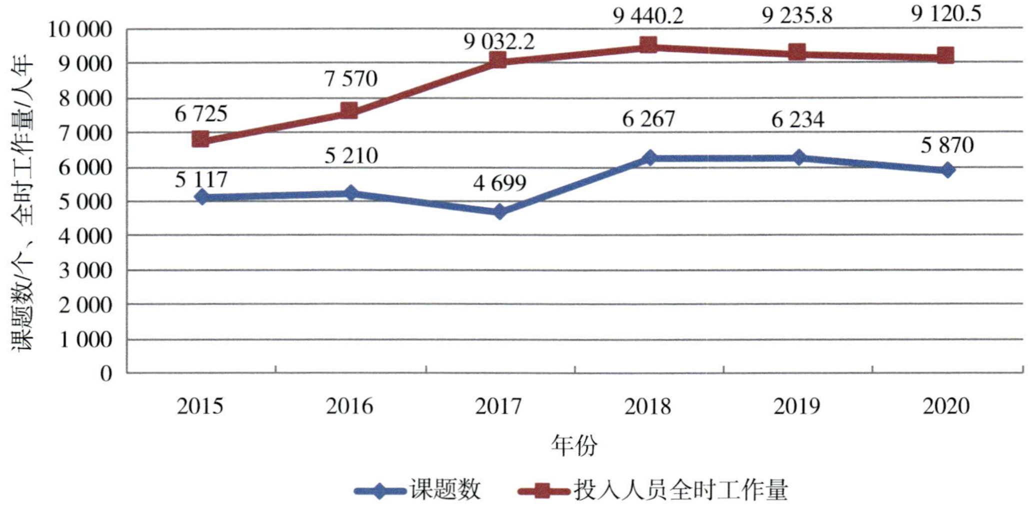

图 1-29　2015—2020 年全国农业科研机构中应用研究课题数量与投入人员的变化趋势

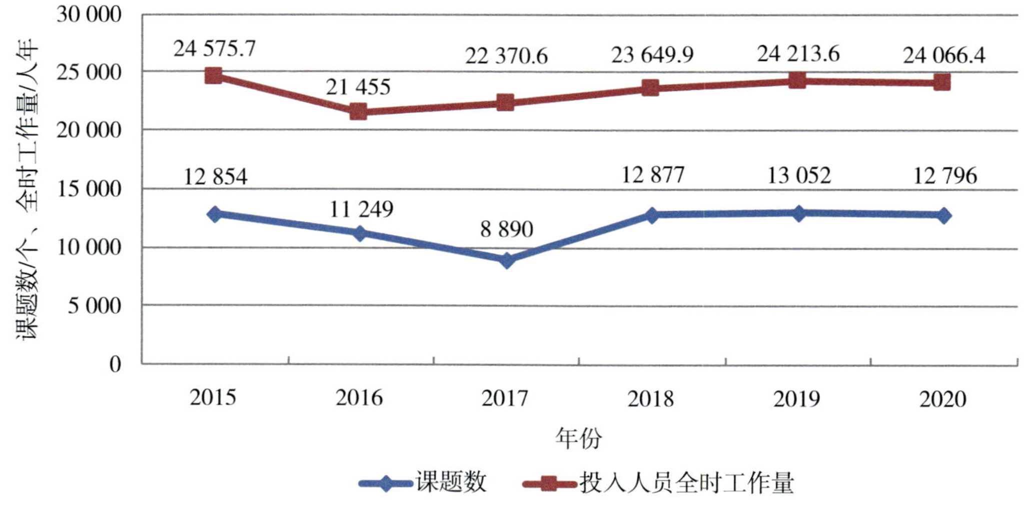

图 1-30　2015—2020 年全国农业科研机构中试验发展课题数量与投入人员的变化趋势

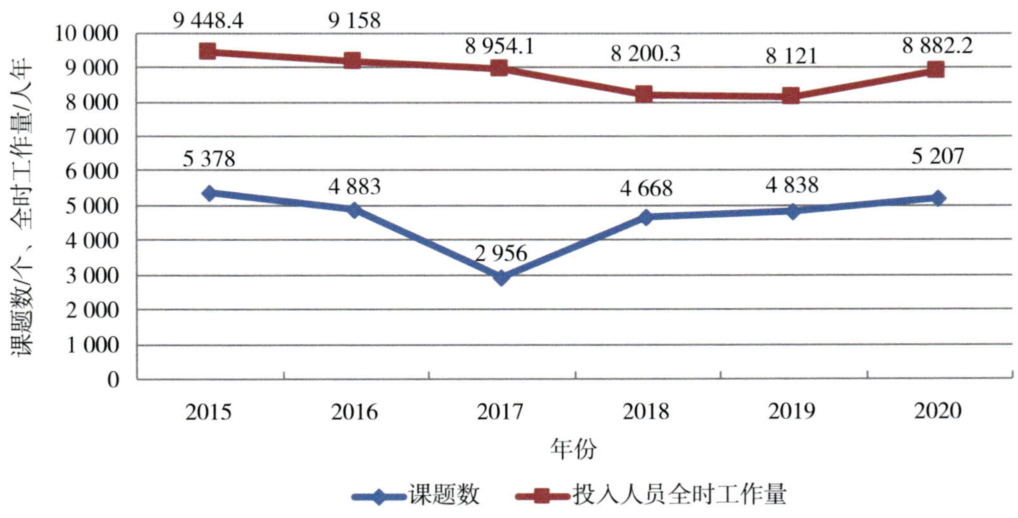

图 1-31　2015—2020 年全国农业科研机构中研究与发展成果应用课题数量与投入人员的变化趋势

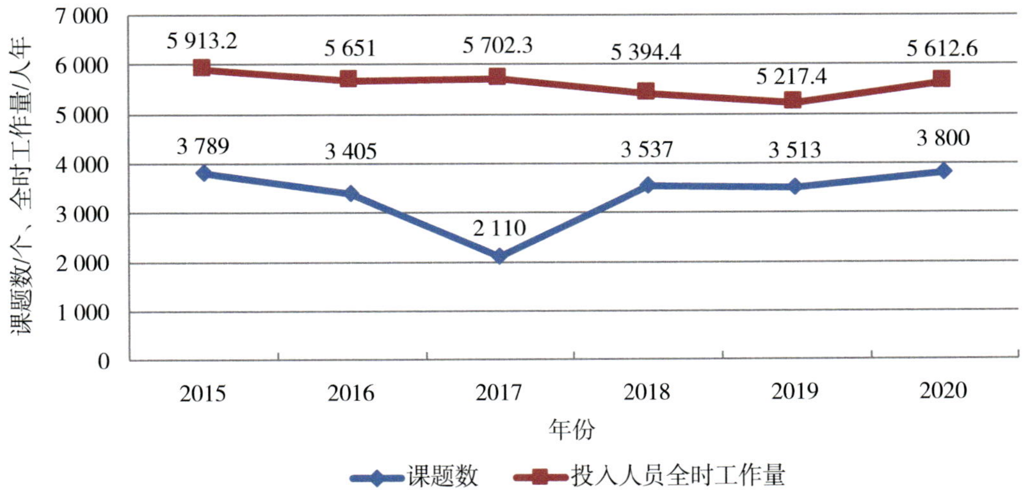

图 1-32　2015—2020 年全国农业科研机构中科技服务课题数量与投入人员的变化趋势

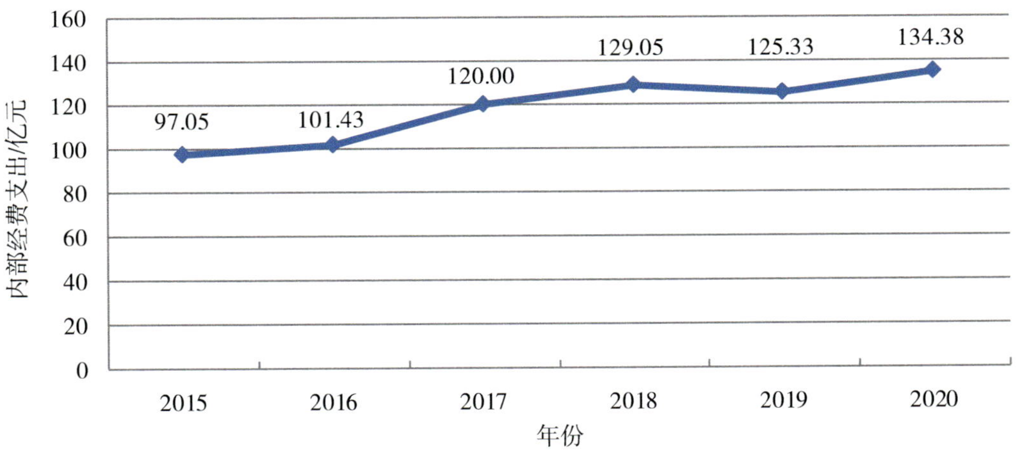

图 1-33　2015—2020 年全国农业科研机构课题经费内部支出的变化趋势

七 R&D 活动情况

1. 全国农业科研机构 R&D 人员及工作量情况

2020 年，全国农业科研机构 R&D 人员比上年增加 2.10%，具有本科及其以上学历的人员 49 184 人，占总人数的 84.25%，比上年增加 3.58%。R&D 人员折合全时工作量 5.20 万人年，比上年增加 5.78%，其中研究人员折合全时工作量 3.99 万人年，占总数的 76.70%（图 1-37、图 1-38）。

图 1-37　2015—2020 年全国农业科研机构 R&D 人员及其以上学历人员和 R&D 中技术、研究人员折合全时工作量的变化趋势

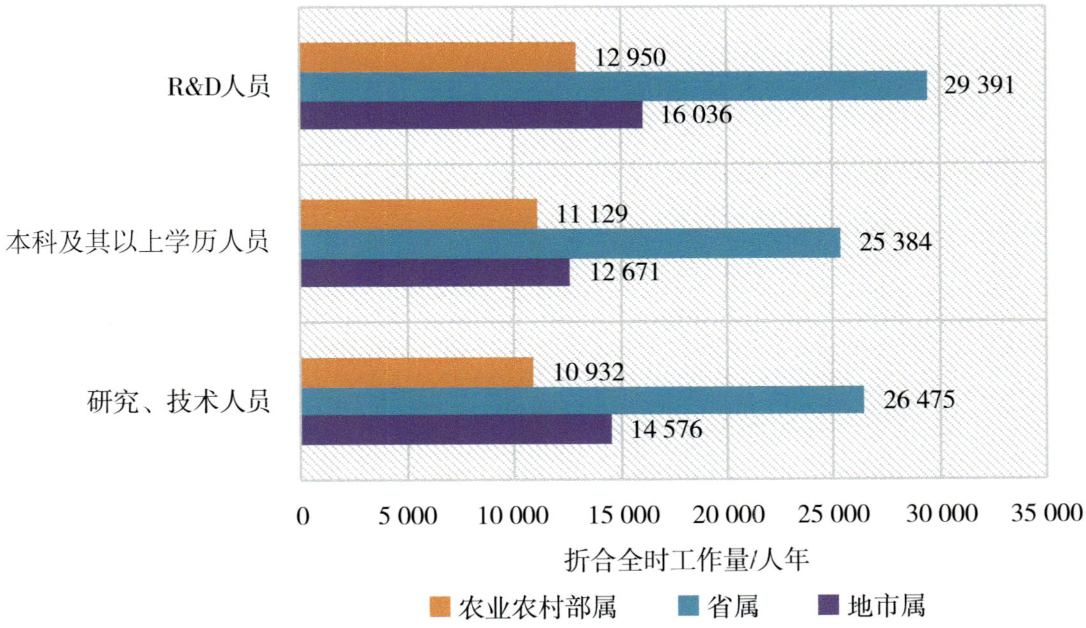

图 1-38　2020 年农业农村部属、省属、地市属的农业科研机构 R&D 人员折合全时工作量和研究、技术人员折合全时工作量情况

2. 全国农业科研机构 R&D 经费支出情况

2020 年，全国农业科研机构 R&D 经费内部支出 223.80 亿元，比上年增加 4.15%。其中经常费支出最多，为 195.66 亿元，占总支出的 87.43%，比上年增加了 7.53%；经常费支出中，试验发展费支出最多，占经常费支出的 61.29%，比上年增加 9.92%；其次是应用研究经费支出，占经常费支出的 24.20%，比上年减少 0.28%；基础研究经费支出最少，占经常费支出的 14.51%，比上年增加 11.89%。从隶属关系来看，省属机构 R&D 活动经费内部支出最大，占总经费内部支出的 51.42%；从行业来看，种植业科研机构 R&D 活动经费内部支出最多，占总经费内部支出的 68.42%，比上年增加 4.22%（图 1-39 至图 1-42）。

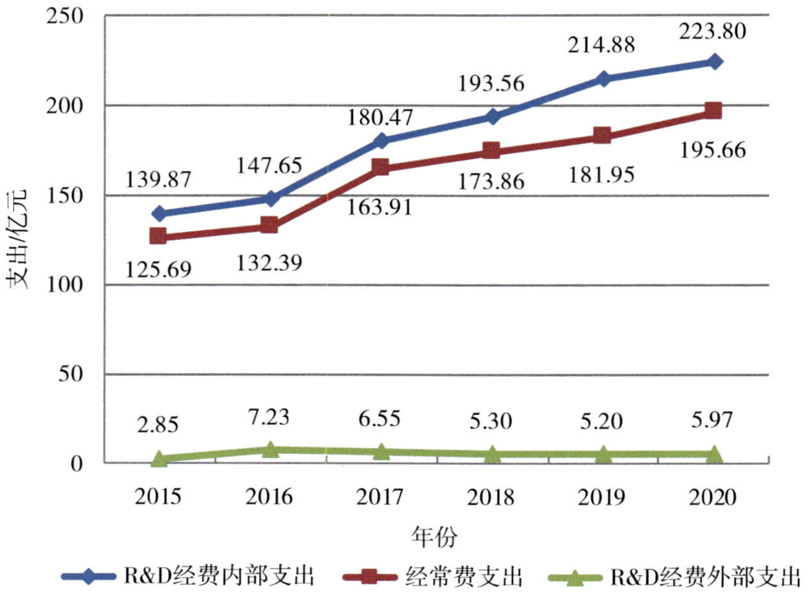

图 1-39　2015—2020 年全国农业科研机构 R&D 经费内部支出、经常费支出和 R&D 经费外部支出的变化趋势

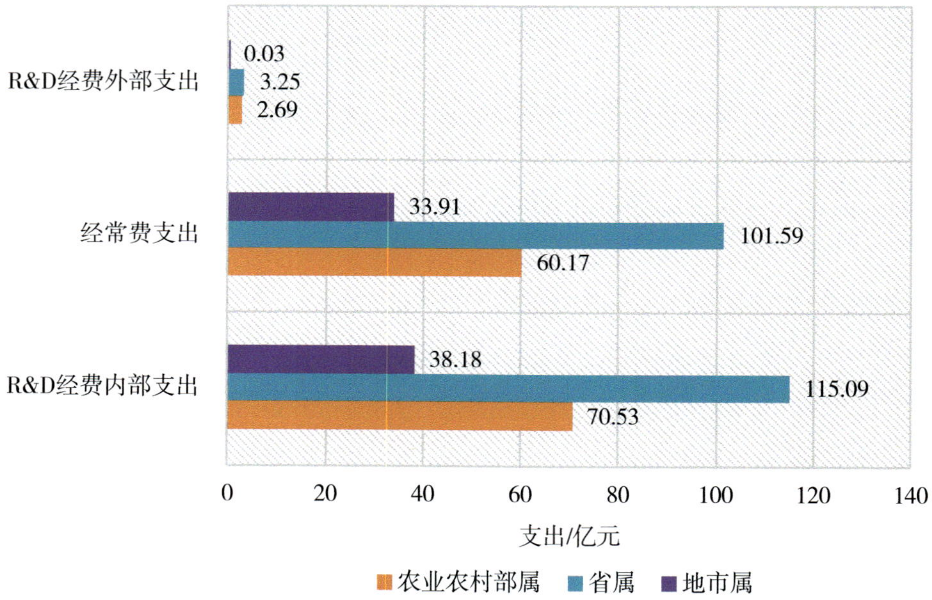

图 1-40　2020 年农业农村部属、省属、地市属的农业科研机构 R&D 经费内部支出、经常费支出和 R&D 经费外部支出情况

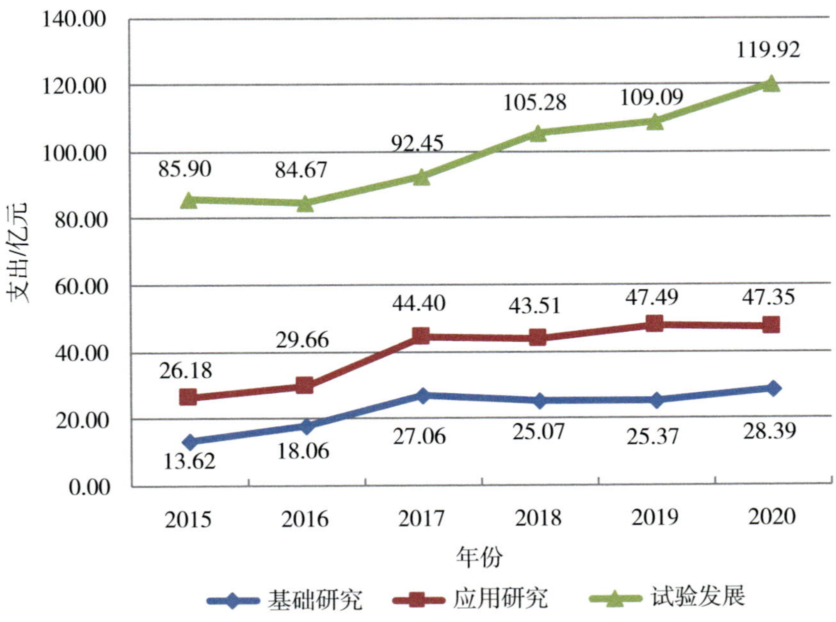

图 1-41　2015—2020 年全国农业科研机构基础研究、应用研究和试验发展经费支出的变化趋势

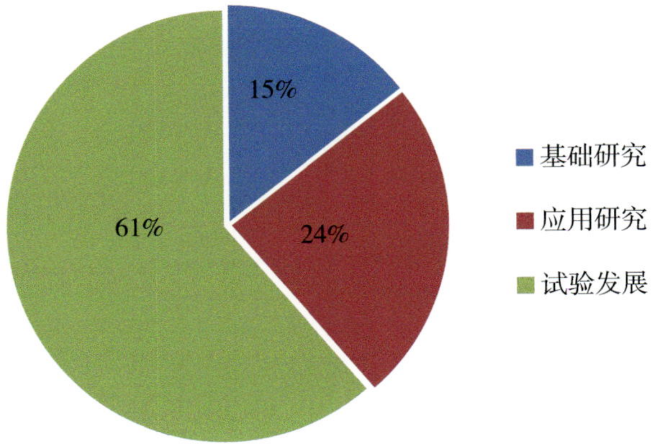

图 1-42　2020 年全国农业科研机构基础研究、应用研究和试验发展经费的支出比重

八 对外科技服务活动情况

2020年，全国农业科研机构开展对外科技服务活动工作总量2.06万人年，比上年增加了5.77%，其中科技成果的示范性推广工作量比较大，占科技服务活动工作总量的39.41%。从隶属关系看，省属科研机构对外科技服务量最大，占科技服务工作量的39.98%；从行业看，种植业对外科技服务量最大，占科技服务活动总量的67.85%；在部属“三院”中，中国农业科学院开展对外科技服务活动工作总量最大，占部属“三院”开展对外科技服务活动工作量的61.09%（图1-43至图1-46）。

图1-43 2015—2020年全国农业科研机构对外服务情况的变化趋势

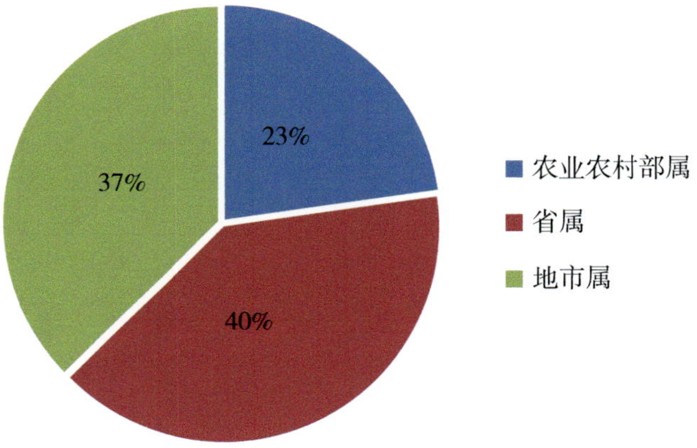

图 1-44　2020 年农业农村部属、省属、地市属农业科研机构对外服务情况所占比重

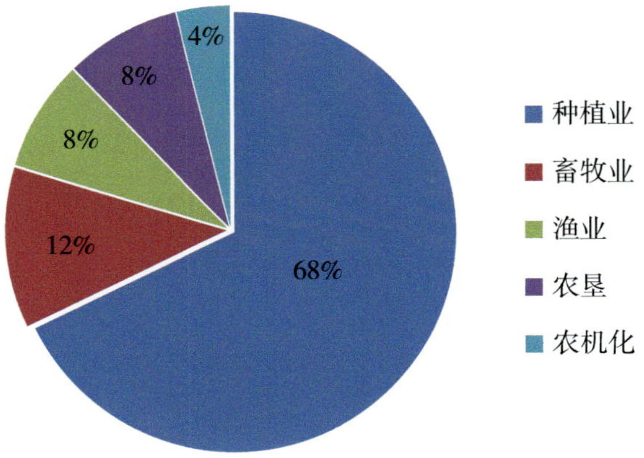

图 1-45　2020 年不同行业农业科研机构对外服务情况所占比重

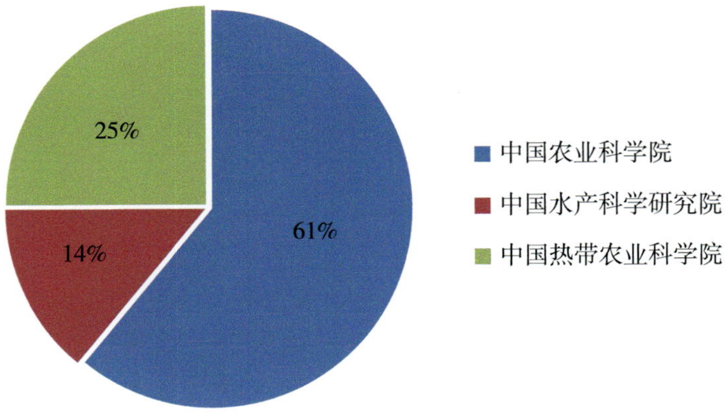

图 1-46　2020 年“三院”农业科研机构对外服务情况所占比重

附表 全国农业科技情报机构统计数据

附表 1　全国农业科技情报机构人员构成情况（按隶属关系分）

单位：人

	机构数量	从业人员								离退休人员
		总计	从事科技活动人员					从事生产经营活动人员	其他人员	
			小计	女性	科技管理人员	课题活动人员	科技服务人员			
合计	22	1 031	894	513	141	585	168	35	102	713
农业农村部属	2	631	524	322	97	392	35	27	80	428
省市属	20	400	370	191	44	193	133	8	22	285

附表 2　全国农业科技情报机构从事科技活动人员学位、学历和职称情况（按隶属关系分）

单位：人

	合计	学位、学历					职称			
		博士	硕士	本科	大专	其他	高级	中级	初级	其他
合计	894	225	378	199	38	54	348	365	100	81
农业农村部属	524	171	237	93	11	12	190	238	57	39
省市属	370	54	141	106	27	42	158	127	43	42

附表 3　全国农业科技情报机构经常费收入情况（按隶属关系分）

单位：10^3 元

	本年度收入											用于科技活动贷款
	总额	科技活动收入								生产经营收入	其他收入	
		合计	政府资金				非政府资金					
			小计	财政拨款	承担政府项目	其他	小计	技术性收入	国外资金			
合计	588 674	554 413	486 180	360 387	121 388	4 405	68 233	60 850	0	0	34 261	0
农业农村部属	446 149	425 961	379 474	271 899	103 330	4 245	46 487	45 410	0	0	20 188	0
省市属	142 525	128 452	106 706	88 488	18 058	160	21 746	15 440	0	0	14 073	0

附表 4　全国农业科技情报机构经常费支出情况（按隶属关系分）

单位：10^3 元

	本年内部支出								本年外部支出总额
	总额	科技活动支出			经营活动支出		科研仪器设备基本建设支出	其他活动支　出	
		合计	人员劳务费（含工资）	其他日常支出	合计	经营税金			
合计	509 096	376 733	131 683	245 050	99 095	1 499	0	33 268	45 906
农业农村部属	370 144	256 113	48 775	207 338	91 786	1 052	0	22 245	45 906
省 市 属	138 952	120 620	82 908	37 712	7 309	447	0	11 023	0

附表 5　全国农业科技情报机构课题投入人员、经费情况（按隶属关系分）

	课题数 / 个	经费内部支出 /10^3 元		本单位课题人员折合全时工作量 / 人年	
		合计	政府资金	合计	研究人员
合计	504	131 683.5	130 283.5	762.9	711.2
农业农村部属	290	85 881.5	85 881.5	494.1	466.1
省 市 属	214	45 802	44 402	268.8	245.1

附表 6　全国农业科技情报机构科技著述和专利申请授权情况（按隶属关系分）

	发表科技论文 / 篇		出版科技著作 / 种	专利受理数 / 件	专利授权 / 件			有效发明专利数 / 件
		国外发表				发明专利	国外授权	
合计	402	48	55	14	39	23	3	58
农业农村部属	227	40	37	7	19	17	2	37
省 市 属	175	8	18	7	20	6	1	21

附表 7　全国农业科技情报机构对外科技服务情况（按隶属关系）　单位：人年

	服务类别								合计
	科技成果的示范性推广工作	为用户提供可行性报告、技术方案、建议及进行技术论证等技术咨询工作	地形、地质和水文考察、天文、气象和地震的日常观察	为社会和公众提供的检验、检疫、测试、标准化、计量、计算、质量控制和专利服务	科技信息文献服务	其他科技服务活动	提供孵化、平台搭建等科技服务活动	科学普及服务活动	
合计	29	60	1	0	70	29	9	17	215
农业农村部属	8	33	1	0	45	13	5	13	118
省属	21	27	0	0	25	16	4	4	97

第二部分 | 省级以上农科院年度工作报告

一 农业农村部属科研机构

（一）中国农业科学院

2020 年，中国农业科学院以习近平总书记贺信指示精神为引领，瞄准国家重大战略需求，聚焦基础研究和“卡脖子”技术攻关，不断强化产学研用结合，努力克服新冠肺炎疫情影响，认真贯彻落实党中央、国务院和农业农村部的各项工作部署，农业科技创新取得了可喜进展。

1. 支撑国家粮食安全和农业高质量发展

提高政治站位，履行农业科研国家队职责使命，瞄准国家重大战略需求，主动服务农业农村主战场。“藏粮于技”科研攻关取得新突破。集高产、优质、多抗、广适性于一身的水稻品种“华浙优 261”，获第三届黑龙江国际大米节籼米组金奖第一名。“中麦 895”累计推广约 4 500 万亩[①]，年最大推广面积 1 062 万亩。优质强筋小麦新品种“中麦 578”平均亩产达到 841.5 kg，创下黄淮麦区高产纪录。玉米丰产绿色高效全程机械化技术再创 1 663.25 kg 亩产新纪录。创制耐草甘膦除草剂大豆新品种“中黄 6106”。非洲猪瘟和草地贪夜蛾防控攻关取得重大进展。顺利完成非洲猪瘟弱毒疫苗实验室创制、中间试制、生物

中麦 895

仔猪疫苗免疫接种（非洲猪瘟）

① 1 亩≈ 667 m^2，15 亩 =1 hm^2

安全环境释放试验及第一阶段临床试验，生物安全生产性试验和第二阶段临床试验顺利推进，进一步证明了疫苗的安全性和有效性，突破了大规模生产工艺的关键瓶颈，向产业化应用迈出坚实一步。进一步明确草地贪夜蛾为害规律，研发高效精准的监测预警技术，实现异地预测预报和就地治理。自主研发国内首款鸡全基因组选育芯片“京芯一号”。创制新兽药沙咪珠利，改变我国球虫耐药无药可用的局面。突破环境光背景干扰技术瓶颈，实现智能手机拍照 5 min 快速检测农药残留。农业技术集成示范与推广成效明显。组织实施油菜、马铃薯、棉花等种植业和奶牛、肉羊、生猪等养殖业共 14 个产业高产高效技术集成示范，种植业平均增产 28%，节水 35%，节肥 25%，节药 30%，亩均节本增效 400 元，养殖业节本增效达 30%。

2. 科技创新取得新突破

面向国际前沿和“卡脖子”技术，实施系列联合攻关，创新水平再上新台阶。基础研究取得重要理论突破。全年发表论文 7 202 篇，其中 SCI/EI 收录 4 179 篇，影响因子 10 以上的高水平论文 49 篇。“研究揭示雪貂、猫、犬及其他家畜禽对 SARS-Cov-2 易感性”“合理设计胞嘧啶碱基编辑器可在保持高靶向活性同时降低 DNA 和 RNA 的非靶向效应”“成功设计出快速、准确的长片段组装专门程序”等 8 项基础研究获得重大科学发现。重大科技成果产出再创佳绩。“玉米优异种质资源规模化挖掘与创新利用”“北方旱地农田抗旱适水种植技术及应用”“畜禽饲料质量安全控制关键技术创建与应用”等 7 项成果获国家科学技术进步奖二等奖。牵头获得省部级奖励 25 项，其中一等奖 5 项。获得新兽药证书 9 项，其中一类新兽药 3 项。审定（登记）品种 359 个，其中国审 233 个。制定各类标准 487 项。

3. 支撑脱贫攻坚和乡村振兴取得新进展

加强顶层设计，强化成果转化工作的统筹资源配置，加快实现“研学产”向“产学研用”转变，实现“三创一体”布局。成果转化能力和成效稳步提升。实施专项奖励激励，评出 8 个成果转化优秀团队和 3 项知识产权转化奖。实施收益预期目标管理，推行科企、科产融合。科技支撑脱贫攻坚取得决定性胜利。聚焦 21 个未摘帽国家挂牌督战贫困县、5 个部定点扶贫县、8 个院科技扶贫和乡村振兴示范县，派出科研人员 2 200 余人次，培训 35 万人次，帮扶经营主体 1 650 个，助力帮扶贫困县全部摘帽。支撑宏观决策取得突破性成绩。主办“2020 中国农业农村科技发展高峰论坛暨中国现代农业发展论坛”，接续发布 2020 年度农业展望报告、农业产业发展报告、绿色发展报告、农业科技前沿热点与竞争力报告，全院各类调研报告和政策建议获党和国家领导人重要批示 58 份，影响力和决策支撑能力明显提升。院地合作务实展开。与 4 个省级、12 个地市级政府新建全面战略科技合作关系。加大与安庆等地合作，与苏州签订共建新型研发机构协议。创新联盟建设深入推进。新布局联盟 7 个，打造 15 个标杆样板，开展重点任务 526 项，形成一批综合技术解决方案，支撑区域农业可持续发展。

4. 人才引育呈现新气象

坚持“推年轻、强领军、补短板、优环境”，强化人才干部队伍建设。梯次人才队伍建设稳步推进。聚焦“抓落实、谋发展、促改革”成功召开第四次人才工作会。强领军进展良好，34 人次入选国家人才计划，引进高层次人才 28 人，遴选首批支撑、转化英才各 5 人，农科英才达到 342 人。大力选拔青年人才，新晋正高职称人员平均 42 岁，40 岁以下占 48%，新晋副高职称人员平均 37 岁，35 岁以下占 46%，推年轻成效显现。实行博士后奖助制度，进站人数较 2019 年增长近 40%。打造高素质专业化干部队伍进展明显。坚持新时期好干部标准，选优配强领导班子，班子结构持续优化。开展党的民主集中制学习活动，不断提升各级领导班子党的民主集中制建设质量和水平。强化培养锻炼，选派 75 名新任职所局级干部、处级年轻干部参加中组部、中央党校等上级调训。选派 20 名专家组团赴西藏开展技术服务，受到部党组充分肯定和部长亲自批示。研究生教育管理不断加强。克服新冠肺炎疫情影响，顺利完成在线教学任务。高度重视意识形态教育，积极推进书记院长进思政课堂。积极争取招生指标，新增全日制硕士指标 200 个，博士 35 个，创历史新高。扩大博士生招生“申请 – 考核制”试点范围。率先将“乡村振兴理论与实践”列入课程目录。推动深圳研究生院首届新生顺利入学。全年招生 1 668 人，毕业 1 341 人，为农业农村发展培养了大批高层次创新人才。

5. 国际合作稳步推进

坚持开放合作，主动作为，巩固和拓展国际“朋友圈”，国际合作取得良好成效。全年新增国际合作项目 101 项，同比增长 52.3%。开创性启动国际农业科学计划，首批实施作物分子设计育种、跨境作物重大病虫害监控和智慧农业 3 个国际农业科学计划项目，国际合作进入以我为主、为我所用的新阶段。多渠道强化国际人才队伍建设，获批国家公派出国项目 5 类 112 项，首次获批乡村振兴人才培养专项，获批 8 项外国专家引进项目。云上交流巩固和发展伙伴关系，新冠肺炎疫情期间向 59 个国际合作伙伴致信慰问，与粮农组织共同举办世界蜜蜂日活动，主办 22 场多双边会议。在线参加 115 场国际会议，合作发表 130 余篇高水平论文，183 人次在国际机构兼职，263 人次在国际期刊兼职，有效提升了中国农业科学院的国际影响力。

6. 强化平台条件建设

着眼学科调整和区域布局，强力推进综合性研究中心和重大科研设施建设。成都中心即将投入使用。一期科研楼、综合服务设施等全部完工，为都市所落地、沼气所转型、智慧农业等学科拓展奠定基础，成为中国农业科学院推进西南地区科研布局、助力区域乡村振兴的重大实践。在建重大工程加快推进。加快建设国家作物种质库。北方水稻研究中心、南繁研究院作物表型研究设施等开工建设，为保障粮食安全铸就“南北”两个创新高地。农业基因组学研究中心获得国家发展和改革委员会（简称国家发展改革委，全书同）立项批复，山西寿阳、云南大理 2 个野外台站晋级国家野外台站序列。

截至 2020 年底，全院共有 34 个研究所、1 个研究生院和 1 个出版社，分布在 16 个省区市。共有从业人员 11 400 余人，正式职工 6 900 余人，科技人员 6 100 余人，两院院士 17 人，“QR”入选者 12 人，国家杰青和国家优青 38 人，在站博士后 600 余人。2020 年，全院新增主持各类课题 2 312 项。

（二）中国水产科学研究院

2020 年，中国水产科学研究院深入贯彻习近平总书记关于“三农”工作重要精神和农业农村部党组中心工作部署，围绕新时期“一流院所、两个中心、三个基地”的我院愿景目标，按照科技创新一体化发展、科技支撑一体化推进、现代院所一体化建设的工作思路，全院上下抓创新、抓支撑、抓改革，取得了可喜成绩。

1. 科技创新一体化发展扎实推进

坚持以研为本、以创为先，扎实推进科技创新五要素一体化发展，科技资源配置更加聚集高效、创新潜能进一步释放。

一是科研创新取得积极进展。在基础研究方面，黄海水产研究所破译了中国真蛸、绿鳍马面鲀和黄鮟鱇全基因组，解析了酸化条件下鞭毛微藻运动能力的演变趋势及机制；南海水产研究所阐明人工鱼礁原生生物变化过程，揭示了海洋牧场生态效应产生机制，为我国现代化海洋牧场建设提供了理论基础；黑龙江水产研究所应用基因编辑技术获得无肌间刺鲫鱼，院部生物中心研发了基于新材料的转基因 / 基因编辑技术，大幅提高淡水鱼类基因编辑操作规模和效率；淡水中心创建并利用高效 RNA 功能阻抑技术，培育出不育罗非鱼。在应用研究方面，珠江水产研究所、黄海水产研究所和黑龙江水产研究所分别研制的草鱼嗜水气单胞菌败血症、铜绿假单胞菌赤皮病二联蜂胶灭活疫苗，大菱鲆鳗弧菌灭活疫苗和虹鳟传染性造血器官坏死病核酸疫苗获得了农业农村部相关批件，向产业应用又迈进一步；珠江水产研究所创制了池塘水环境调控设施，突破了池塘尾水减排关键技术；淡水渔业研究中心阐明了稻渔综合种养中生源要素流动规律，构建了“稻 – 鱼”“稻 – 蛙”等养殖模式；东海水产研究所研制的南极磷虾桁杆拖网等装备，实现单船年产量提高 30% 以上，推动了我国南极磷虾捕捞装备的国产化进程；渔业机械仪器研究所突破了大型养殖工船单点锚泊关键技术，解决了机械化舱养起捕难点，为开启大型养殖工船时代奠定了基础；渔业工程研究所在渔业专用频段通信协议设计与数字电台研制方面也取得了积极进展。2020 年，我院中国对虾“黄海 4 号”、中华鳖“珠水 1 号”和罗非鱼“粤闽 1 号”3 个新品种通过国家审定。

二是科研项目与产出稳步提高。全年新上科研项目 1 191 项，合同经费总额达 7.84 亿元。在国家重点研发计划“蓝色粮仓科技创新”第 3 批项目申报中，我院共 4 个项目获批立项，占总项目数的 33%。农业财政自有履职项目不断拓展，南锋专项三期等一批专项获得支持。黄海水产研究所、渔业机械仪器研究所参与的“海参功效成分解析与精深加工关键技术及应用”获得国家科学技术进步奖二等奖，全年获得省部级成果奖励 15 项；发表论文 1 655 篇；获得软件著作权 202 项；获国家授权专利 479 件。

三是创新团队建设成效明显。出台《院科技创新团队管理办法》，建立了团队首席专家负责制、资源统筹配置和考核评价机制。基本科研业务费、修缮购置、基本建设、人才推荐等资源全面向创新团队集聚，支持团队围绕既定目标持续开展创新研究。举办首期院创新团队培训班，启发了思维，学到了经验。完成创新团队首次年度监测，通报表扬了大宗淡水养殖动物营养与饲料等 10 个创新团队，并给予基本科研业务费奖励支持。

中国水产科学研究院在京举办首期
“院科技创新团队培训班”

四是科技平台建设再获突破。整合黄海水产研究所技术优势和长岛站地理优势，科技部批准设立“山东长岛海洋生态系统野外科学观测研究站”，国家级科研平台建设实现又一重大突破。积极推进渔业基础性长期性工作，完成了国家渔业科学观测数据中心监测指标论证、运行机制建设和建设方案制定等工作。

五是大力推进协同创新。持续推进渔业科技创新联盟建设，依托长江、黄河、大水面和南海渔业等科技创新联盟，牵头编制了“长江流域水生生物资源监测体系”实施方案，组织策划“黄河渔业资源与环境调查”专项，举办了“南海渔业高质量发展与融合”创新论坛，推进了全球首艘 10 万 t 级大型养殖工船建设。持续开展国际合作，创新线上线下相结合的交流形式，举办了中 – 挪渔业科技合作 40 周年学术论坛、丝路国家水产养殖国际论坛等系列国际交流活动，对 40 多个国家近 500 名学员开展线上培训。

六是“十四五”规划编制初步完成。在全面总结“十三五”工作经验与成效的基础上，组建规划编制工作专班、组织专题调研，与所站“一对一”对接，院所协同完成了院“十四五”发展规划、8 个专项规划和 13 个院属单位发展规划的初稿，进一步明确了发展目标，凝聚了发展共识，共同绘织了发展蓝图。

2. 科技支撑一体化取得新成效

坚持产业导向，聚焦主导品种、关键技术、核心装备，加强科技创新成果的集成熟化与应用，推动科技创新与渔业产业深度融合。

一是深入推进乡村振兴支撑行动。乡村振兴示范点建设初见成效，我院支撑的山东东营、广西三江和江苏武进 3 个示范点入选农业农村部乡村振兴 100 个示范村镇，其中东营现代渔业示范区还入选农业农村部乡村振兴十大样板。以新品种示范为主线，在湖北仙桃、山东东营、佛山三水、珠海斗门等地示范推广黄鳝、海参、大口黑鲈、海鲈等育繁推一体化模式，区域良种覆盖率超过 50%。

二是积极投身脱贫攻坚工程。制定《院 2020 年科技扶贫及援疆援藏实施方案》，统筹全院力量实施一批技术示范扶贫项目，推动脱贫攻坚。在云南红河县推广稻鲤种养面积 7 500 亩，稻鳅种养面积 5 000 亩；在甘肃景泰示范南美白对虾棚塘接力模式，亩效益达 1.33 万元；在广西三江推广“一季稻 + 再生稻 + 鱼”模式，平均每亩利润增加 2 000 余元；推动河北易县大水面增殖发展成为省休闲渔业基地，带动周边贫困户增产增收。

三是加强院企院地合作。2020 年，全院共与 29 个地方政府、81 家企业、23 个科研机构建立合作关系，建立示范基地 22 个，院影响力进一步提高。与青岛国信发展集团有限责任公司携手，共同推动深远海养殖产业发展，联合设立科技成果奖励基金 1 000 万元，助力渔业科技创新。与江苏昆山合作推广河蟹养殖“863”模式，效果显著。全年“四技”服务取得新突破，到账经费达 2.5 亿元，同比增长 32%。

农业农村部长江流域水生生物资源监测中心
在长江水产研究所揭牌成立

中国水产科学研究院与韩城市签订科技合作框架协议

四是全力支撑长江禁捕退捕工作。落实部党组工作部署，选派 20 余名业务骨干，参加禁捕退捕专班，圆满完成巡查检查等工作。依托我院成立长江流域水生生物资源监测中心，牵头承担长江流域水生生物资源监测工作。依托“长江专项”等，摸清了长江流域“一江两湖七河”渔业资源本底，为长江“十年禁渔”提供坚实的科技支撑。此外，还积极参与了《长江保护法》《野生动物保护法》的制定、修订，牵头完成第二次全国水产养殖业污染源普查，受到有关单位表扬。

五是充分发挥战略咨询作用。承担了科技部 2035 中长期科技发展规划战略研究、中国工程院重大咨询研究、农业农村部“十四五”渔业科技战略研究等任务，参与了国家“十四五”农业科技规划、“十四五”渔业发展规划、农业农村科技创新能力条件建设研究，以及地方渔业发展战略研究和发展规划编制，为规划国家、行业以及区域未来的发展提供了智力支持，为我院“十四五”发展谋得先机。

3. 现代院所一体化建设取得新进展

坚持科技创新与机制创新“双轮驱动”，完善院所两级管理体制与运行机制，加速推进现代院所一体化建设。

一是有效应对新冠肺炎疫情。面对突发疫情，院所两级提高站位、统一思想，第一时间启动响应机制，果决应对。及时统计人员信息数据，及时掌握防疫全况，及时出台管控措施。强化人员流动健康管理、返岗复工管理、工作区域管理“三大措施”。通过共同努力，全院包括退休职工在内的 4 058 名人员未被感染，14 家单位运转平稳有序。疫情期间，我院还积极创造条件，全力支持渔业复工复产，编制了疫情期间鳜鱼病害防控、青虾养殖等技术手册，通过网上课堂等提供远程咨询和服务。为回应消费者关切的问题，我院水产品质量安全检测与评价重点实验室还组织完成了相关省区水产品质量安全检测。

二是深化人才队伍建设。推进院属单位班子年轻化，选拔任用 4 名 45 岁以下青年干部进入所站班子，推动所站配备 40 岁左右的所长助理。全面推行高级职称评审“绿色通道”，6 名优秀青年人员通过“绿色通道”晋升高级职称。选聘院新一轮首席科学家 21 名，新增院中青年拔尖人才 12 名和院“百名英才”49 名。东海水产研究所樊伟入选国家百千万人才工程，被授予“有突出贡献中青年专家”称号。研究生联合培养规模再创新高。

三是强化财务保障能力。按中央“过紧日子”要求，下力气压减一般性和非刚性支出，围绕科研创新主线统筹配置资源，加强对重点任务、重点项目和重大设施运转的保障。2020 年全院财政拨款 10.13 亿元，新增自有履职和运行费项目 2 600 多万元，落实修购项目 16 个，资金规模 6 400 多万元，落实基本建设资金 1.4 亿元。国家海洋渔业生物种质资源库和 2 艘 3 000 t 级“农业航母”调查船已投入试运行。研究谋划的 8 个基本建设项目全部列入农业农村部“十四五”建设规划，海南创新研究院获批事业单位法人证书，并取得地方项目立项批复和选址意见书。研究谋划 2021 年修购专项，落实项目 18 个。完成了院部及所站科研楼设施修缮等工程，进一步改善了办公条件。

四是加强院所管理创新。组织制定了全院 14 个法人单位的章程，把握创新方向定位，突出公益核心使命，夯实单位制度体系基础。研究梳理我院 6 家“拟转企”单位公益性定位和职责任务，制订“拟转企”单位改革工作建议方案。继续落实中央“放管服”精神，推

的遗传改良提供了新思路和重要基因资源；发布了白木香基因组精细图谱，为野生白木香种群保护生物学、沉香结香机制和香味基因及树种的进化研究以及白木香分子育种奠定了良好基础；描绘了木薯块根发育 7 个不同阶段转录、蛋白、代谢动态变化模式，为木薯遗传改良提供了重要基因资源；在橡胶树内生细菌中发现一个新细胞器，并证实该细胞器具有分泌和贮存灵菌红素的功能，可用于研发抗癌药物。

关键核心技术研发取得突破。完成航空轮胎专用天然橡胶自动化示范生产线的调试和示范性生产；突破了高精度切割深度控制、低损仿形切割等关键技术，完善了减少伤树、续航力强的 4GXJ-2 型便携式电动割胶刀，实现了采胶机械“从有到好”；自主研发了天然胶乳桌面型 3D 打印机和“模块化”精细纺丝装置，该技术目前处于国际领先水平；研发了一种中性低共熔溶剂（DES）介导的连续挤压生物质预处理技术；突破了农杆菌介导的橡胶树易碎胚性愈伤组织高效转化技术；棕榈作物组培快繁技术取得阶段性突破，实现了体胚发生途径获得椰子组培苗的重大突破，同时成功获得大量油棕、椰枣组培苗；创建了治酸阻酸和控酸为核心的酸化土壤防治关键技术；研发出柑橘黄龙病菌的快速超灵敏检测新技术；提出了适用于热区干季、湿季、全年太阳总辐射的经验模型和适用于热带杧果的遥感监测机器学习算法。

中国热科院试验场全面推广应用电动胶刀

基础性长期性工作长足发展。从国内外收集热带果树、牧草、花卉、胡椒、咖啡、特色香料各类种质资源 1 800 余份，开展了近万份种质资源的植物学、抗逆和农艺性状评价，筛选出优异种质 300 余份；创制出高产、优质、抗逆的优异种质资源 80 余份，获植物新品种权、审（认）定品种 34 个；完善了南海海洋微生物资源库，新增海洋微生物 1 045 株，其中可能新属种 293 株，已鉴定新种 6 个，筛选获得具有抗菌、多糖裂解、氨氮降解等活性菌 126 株；突破热带农业大数据核心数据传统采集方式，完善了六大核心数据资源。

科技创新平台建设稳步推进。依托中国热科院建设的“海南儋州热带农业生态系统国家野外科学观测研究站”入选国家野外科学观测研究站择优建设名单，为热带农业领域首个国家级野外台站。分别依托橡胶研究所、热带生物技术研究所、香料饮料研究所申报的“海南省高性能天然橡胶材料工程重点实验室”“海南省热带农业生物资源与利用重点实验室”“海南省特色热带作物适宜性加工与品质控制重点实验室”3个省重点实验室获批建设，为筹建省部共建国家重点实验室打下了坚实基础。积极组织推进“省部共建热带农业生物资源保护与利用国家重点实验室”“省部共建天然橡胶生物与材料工程国家重点实验室”2个省部共建国家重点实验室。获批“国家农业绿色发展长期固定观测湛江试验站”“国家农业绿色发展长期固定观测儋州试验站”2个。获批海南省农业农村厅“海南省西部动物疫病检测实验室”1个。顺利完成了农业农村部重点实验室“十三五”建设运行工作评估总结；顺利完成海南省重点实验室2020年度考核。

（2）热带农业科技支撑水平全面提升

奋发作为，助力脱贫取得新实效。选派科技特派员近800人深入热区扶贫一线，提供精准科技服务；实施产学研合作项目100余项，转移转化技术成果30多项。开展农村实用技术培训200多场次，培育新型职业农民2万多人，成为依靠科技实现脱贫致富的带头人。选派10余名优秀干部到西藏、云南、广西等贫困山区挂职，为当地带去新资源、输入新血液、提供新智力。在“三区三州”等深度贫困地区推广热带农业优良品种20多个、种养技术50多项。特别是在云南怒江傈僳族自治州建成草果高标准种植示范基地，研发草果产品10多种，助推当地绿色香料产业蓬勃发展；在滇桂黔石漠化地区示范推广澳洲坚果、杧果、百香果等热带高效经济作物，有力地推动当地农业增效、农民增收、农村增绿，为国家打赢脱贫攻坚战做出了重要贡献。

中国热科院专家在云南开展草果种质资源考察和技术培训

稳中求进，支撑能力取得新提升。全院财政拨款收入被压减17%，但通过挖潜资源、拓宽渠道，非财政收入同比增长13%，为实现院所重点任务目标提供了坚实的财力保障。获批建设国家技术转移人才培养基地、引才引智示范基地等一批国家级平台和2个院士工作站；引进高层次人才5人，认定部省级专家人才70多位，入选海南自贸港“双百”人才团队16支，各类人才的创新活力竞相迸发。热区研究院建设取得突破性进展，广州研究院先导项目获立项批复，三亚研究院开工建设，云南研究院即将投入使用，广西研究院和四川攀枝花研究院正式运行；各院区的环境和基础设施条件明显改善，为院所长远发展夯实了物质基础。

二 各省（区、市）属科研机构

（一）北京市农林科学院

北京市农林科学院成立于 1958 年，全院建有蔬菜、林业果树、畜牧兽医、植物保护环境保护、植物营养与资源、农业科技信息与经济、农业信息技术、农业质量标准与检测技术、玉米、杂交小麦、生物技术、草业与环境、水产、农业智能装备技术 14 个专业研究所（中心）。

截至 2020 年底，全院在职职工 1 234 人，其中高级职称专业技术人员 552 人，包括研究员 170 人。获得博士学位的 525 人。拥有中国工程院院士 1 人、优青 1 人、全国杰出专业技术人才 1 名、国家级百千万人才工程 13 人、“万人计划”6 人、科技部创新人才推进计划 4 人、科技部重点领域创新团队 2 个。国家农业产业技术体系首席科学家 2 人、岗位科学家 21 人、杰出青年科学家 2 人、农业农村部农业科研杰出人才及创新团队 8 人。

2020 年，落实各类项目 377 项，经费额度 2.42 亿元。新上国家重点研发计划 5 项，课题 11 个，合同经费 1.23 亿元，新增国家自然科学基金资助项目 36 项。

全年获得各类政府奖励 25 项。全年审定品种 131 个，授权植物新品种 49 个、授权专利 301 项。发表 SCI 论文 232 篇，较去年提升 8.9%，实现了论文数量和质量双提升。

2020 年，全院在种质资源创新与利用、农业信息与装备技术、农业绿色发展与全产业链科技创新、科技成果转化与服务等方面取得可喜进展。

1. 种质资源创新与利用保持整体领先

解析了驯化导致西瓜瓤色变红的分子机制和西瓜果实糖分卸载的分子机制，进一步奠定了国际领先地位。首次揭示了基因组结构变异在白菜类蔬菜重要性状进化和选择中的重要作用，对白菜类蔬菜的遗传改良具有重要意义。玉米国审品种数量居行业领先地位，京科 968 荣获中国种子协会颁发的“荣誉殿堂”玉米品种称号，京农科 728 等系列早熟宜机收玉米新品种被遴选为“2020 中国农业农村十项重大新产品”，MC670 品种在中国农业科学院开展的高产创建中创下了亩产 1 663.25 kg 的最新全国玉米高产纪录。

2. 农业信息与装备技术持续领跑全国

主持完成的“基于北斗的农机自动导航与作业精准测控关键技术”入选“2020 世界智能制造十大科技进展”。露地甘蓝无人化作业关键技术入选“2020 年农业农村部十大引领性技术”。“设施作物水肥一体化智能控制装备”被遴选为“2020 中国农业农村十项重大新装备”。航空施药精准作业关键技术引领产业发展，打破了有人驾驶飞机精准作业控制装备国外垄断。全国科教云平台成为用户量最大的农业科技服务社区，央视新闻联播专题报道了平台服务春耕效果。

3. 农业绿色发展与全产业链科技创新亮点纷呈

研发的“鸭坦布苏病毒血凝抑制试验抗原、阳性血清与阴性血清”获国家一类新兽药证书，是我院获得的第二个国家一类新兽药证书。揭示了叶酸处理对西蓝花采后生理的调控机制，为西蓝花采后贮运保鲜提供了新的科学依据；构建了大白菜种子功能性丸粒化技术体系，节水效率提高 20% 以上。开发出适于多天敌联合应用的生态景观支撑技术，突破了传统天敌应用成本高、效能短的瓶颈。制定了苹果良种矮砧脱毒分枝壮苗产业化繁育关键技术规程，打破了我国在苹果矮砧无毒苗木繁育上的技术瓶颈。

中华人民共和国
新兽药注册证书
证号：（2020）新兽药证字 48 号
新兽药名称：鸭坦布苏病毒血凝抑制试验抗原、阳性血清与阴性血清
注册分类：一类
研制单位：北京市农林科学院、天津瑞普生物技术股份有限公司、乾元浩生物股份有限公司、金宇保灵生物药品有限公司、豪威生物科技有限公司
根据《兽药管理条例》，该兽药符合规定，准予注册，特发此证。
中华人民共和国农业农村部
发证日期：二〇二〇年九月二十九日

一项兽药产品获得国家一类新兽药证书

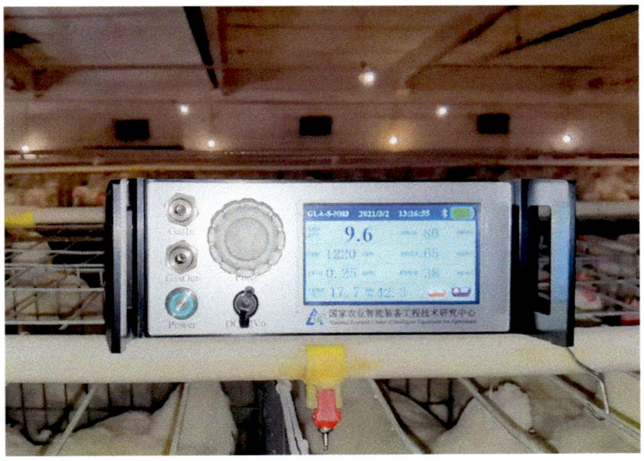

研发了有害气体激光检测仪

4. 科技服务、帮扶力度进一步加大

2020 年，在京郊推广各类新品种及相关配套技术 315 项，示范各类物化新成果、新装备近 162 项，累计开展各类培训近 2.9 万人次。针对新冠肺炎疫情防控常态化的特点，开展“京科惠农网络大讲堂”活动，共播出 49 期大讲堂直播，收听收看人数突破 10 万人次。组织 93 位专家对接京郊 53 个低收入村，与 453 户开展“一对一”帮扶精准对接，我院对接的低收入村户全部实现了脱低致富。持续加强对受援地区的智力支撑和科技支撑，进一步彰

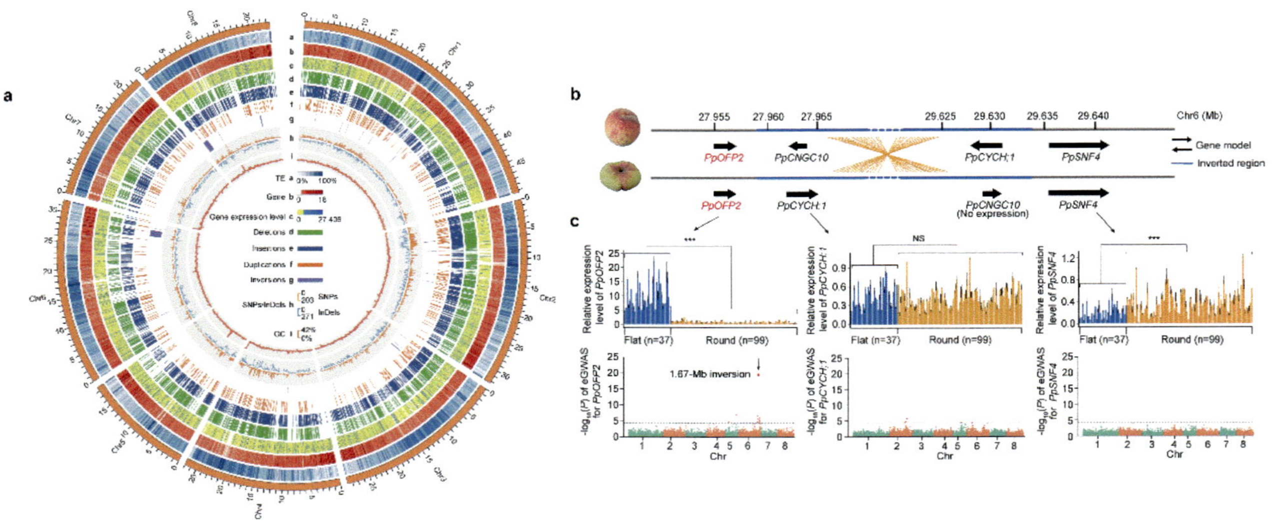

蟠桃基因组研究取得重要突破，揭示了扁果形成的分子机制

显了我院对口援助生力军的作用。积极推动消费扶贫和扶贫捐助活动，采购贫困地区农副产品总额 103 万元，捐赠物资、数据资源等价值 49 万元。

生态系统层级	增效系统	功能植物	增效作用	提升效能
设施间开放生态系统	温室间功能花带	罗勒/牛至	主要害虫趋避	主要害虫种群下降>80%
		香水薄荷	次生昆虫诱集	生物多样性提升>120%
		万寿菊	天敌诱集	生物多样性提升>90%
		矮牵牛	天敌储蓄保育	天敌均匀度提升>50%

基于生态景观的设施温室生物防治增效技术

5. 京津冀区域合作持续深化

2020 年度投入经费 1 105 万元，支持部署了 1 个新上课题和 6 个延续课题。联合河北协作单位申报了河北省重点研发计划项目等 10 个区域创新项目。持续推进京津冀农业科技创新联盟建设，加强同区域内科研院所、企业的深度合作，与滦平县签署农业科技合作协议，与深州市政府建立京冀桃育种中心。

6. 国际交流与合作有序推进

2020 年，新增科技部国家重点研发项目国际合作项目 3 项，获批国家自然科学基金国际合作与交流项目 1 项，国际创新资源合作专项“中澳害虫防控研究联合实验室”正式立项。新增意大利、以色列合作伙伴 2 个，举办 5 个线上国际性学术会议。积极组织参加 FAO（联合国粮食及农业组织）举办的系列网络研讨会等线上会议，总参加人数超过百人。

（二）天津市农业科学院

1. 机构发展情况

天津市农业科学院是一个以应用研究为主、学科较齐全、优势突出、具有较强实力和地方特色的社会公益类综合性农业科研机构。目前，天津市农业科学院下设 5 个处室、13 个研究所，在职职工 550 人，专业技术人员 512 人。现拥有 4 个国家级研究中心，1 个国家农业科学观测试验站，7 个部、市级重点实验室及试验站，11 个工程技术中心，形成了适应天津现代都市型农业发展需求的学科体系，并在黄瓜、菜花、大白菜、杂交粳稻育种，以及农产品保鲜、农产品安全生产与加工、农产品检测等领域逐步确立了国内先进水平的地位。有 18 个种类 29 个品种 11 项技术入选天津市 2020 年农业主导品种和主推技术。推广新品种、新技术、新成果 100 多项，示范面积近 10 万亩，推广应用面积 200 多万亩，新增社会经济效益 4 亿元以上。

培养了一批农业科技创新的技术人才和科技帮扶的技术骨干，现有国家级百千万人才 2 人、享受国务院政府特殊津贴专家 70 人、全国农业科研杰出人才 3 人、突出贡献专家 13 人、天津市人才发展特殊支持计划高层次创新型科技领军人才 1 人，天津市创新人才推进计划中青年科技创新领军人才 3 人，天津市“131 人才工程”一层次人选在职 22 人，天津市“131 创新团队”4 个，天津市创新人才推进计划重点领域创新团队 4 个，天津市人才特殊支持计划高层次创新团队 1 个。先后选派出多批科技干部，到新疆、西藏、甘肃等省份开展科技帮扶和挂职锻炼工作，用科技、人才推动当地现代农业发展，产生了巨大的社会影响。

2. 科研活动及成效情况

2020 年新立项目 53 项，其中国家级 13 项，市级 27 项，合同总经费 1 100.15 万元。完成成果登记 73 项；科技成果评价 10 项，其中国际领先水平 1 项、国际先进水平 6 项；授权专利 44 件，其中发明专利 17 件；授权植物新品种权 3 个；主要农作物品种审定 5 个；非主要农作物品种登记 16 个。获得天津市科学技术进步奖 11 项，其中一等奖 1 项，二等奖 7 项，成为我市农业科技创新的中坚力量。新冠肺炎疫情对 2020 年度科研工作影响较大，我院组织百名技术干部通过网络在线上对广大农户、农技干部开展“津科助农”远程农技培训及服务，广受好评。在中西部帮扶工作中，我院荣获天津市事业单位脱贫攻坚专项奖励记大功集体。

3. 重要研究进展

“小站稻优异种质创制及新品种选育”获得天津市科学技术进步奖一等奖。项目组针对传统小站稻品种退化严重、抗性差、米质难以满足市场发展需求等制约产业发展的问题，开展了系统研究，历时 21 年，攻克了多项育种技术难题，以院士为组长的专家组评价总体技术达到国际领先水平，育成了优质、抗病、广适的突破性粳稻品种 7 个，全部通过国家审定，并获全国优质稻品种食味品质鉴评（粳稻）金奖，被列入首批小站稻主推品种，实现了小站稻振兴及粳稻主产区品种的升级换代。新品种近三年累计推广 1 428.3 万亩，良种销售收入 4.27 亿元，社会经济效益 10.41 亿元。

优质种猪选育及配套高效生产技术体系示范利用多基因聚合育种模型，开展了生长速度快、肉质佳的长白种猪新品系选育；利用相对权重优化育种模型，开展了胴体率高、繁殖力高、肉质佳和抗病力强的优质黑猪配套系选育；并建立了优质种猪配套的高效生产技术体系。技术成果在京津冀等 18 个省份规模猪场推广示范，使种猪生产成绩、母猪妊娠率、窝产仔数和总成活率大幅提高。

高值果蔬贮运微环境保鲜关键技术与产品研发及应用技术，针对高值果蔬贮运后期品质下降快、腐烂增加、商品质量差、货架期短等阻碍果蔬保鲜产业发展和企业增效的突出问题，在科学规律发现、关键技术创新、核心产品研制和集成技术产业化应用方面开展系统研究，发现精准相温对高值果蔬膜脂相变调控规律，探明精准相温对膜蛋白氧化损伤的调控机制，创建精准相温保鲜新技术；研发出高值果蔬品质无损检测技术与设备、无损分级与质量智能溯源云平台，创制出高值果蔬贮运微环境调控关键技术与配套保鲜材料等系列新产品；创建高值果蔬贮运微环境协同保鲜新模式，带动全国高值果蔬贮运微环境保鲜技术的发展。

“京津冀大宗果品质量安全风险评估体系创建”针对危害因子筛查、风险评估与管控、产地溯源等关键技术问题，研究建立了系统的危害因子筛查、风险评估与管控、产地真实性溯源等关键技术，为科学监管、安全生产和健康消费提供科学依据和重要支撑。成果在北京、河北等 8 个省份果品生产、科研及质检等部门进行推广应用，农药残留监测种类增加约 20%，检测效率提高近 30%，检测成本降低近 15%；果品安全生产风险管控技术累计应用示范 50 余万亩，农药使用次数平均减少 3 ～ 5 次，节省劳动力成本 10% 左右；果品溯源准确率达到 95% 以上。

烟粉虱及其传播的番茄病毒病内御外阻防控技术抓住“烟粉虱传毒行为”的关键环节，创制了世界首个“烟粉虱传毒行为”研究技术平台，创建了“内御外阻”型绿色防控技术体系，与传统的防治方法相比，防治效果提高 15% ～ 30%。此成果被拜耳作物科学（中国）有限公司在全国乃至世界范围内推广，对保障食品安全、生态安全具有重要意义。

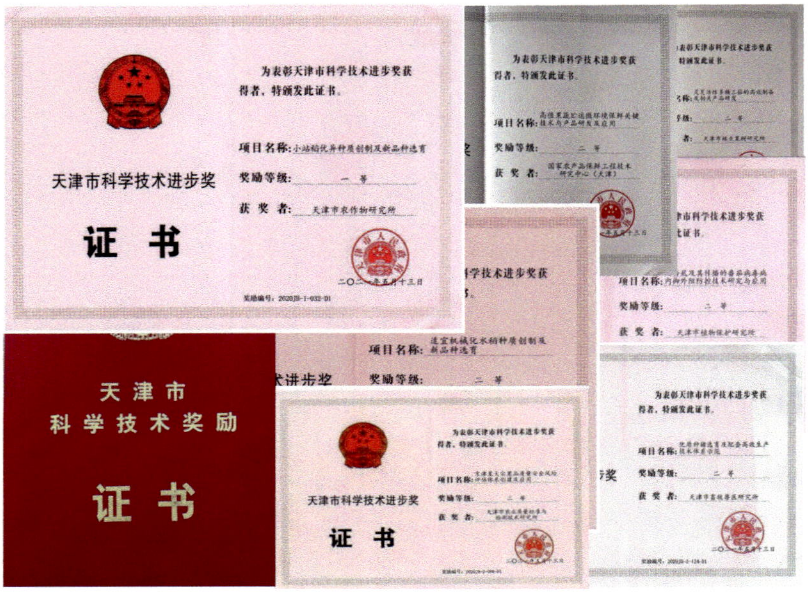

获得荣誉奖励

“作物根际病害免疫微生物组定向调控理论创新和产品创制”揭示了枯草芽孢杆菌及其近缘种利用 SacB 蛋白将根系分泌蔗糖合成以“2-6 键”连接的特殊多聚果糖 levan，再经内切酶 LevB 代谢为芽孢杆菌可识别的信号物质——寡聚果糖 levanoligosaccharides，从而启动以抗生素 surfactin 和鞭毛基因过表达的级联信号传递系统，增强在植物根际的竞争性定殖；枯草芽孢杆菌与蔗糖协同诱导根际微生物组中假单胞菌和芽孢杆菌的组分，形成“病害免疫型根际微生物组”，提高对土传病害的防治效果。根据该基础理论研究成果创制“芽孢杆菌 Tb918 液体菌剂”“贝莱斯芽孢杆菌生物菌肥”调控制剂，能高效、稳定地防治多种作物土传病害，防治效果及成本优于化学农药，具有良好的改良盐碱、增加产量、改善品质的特性。

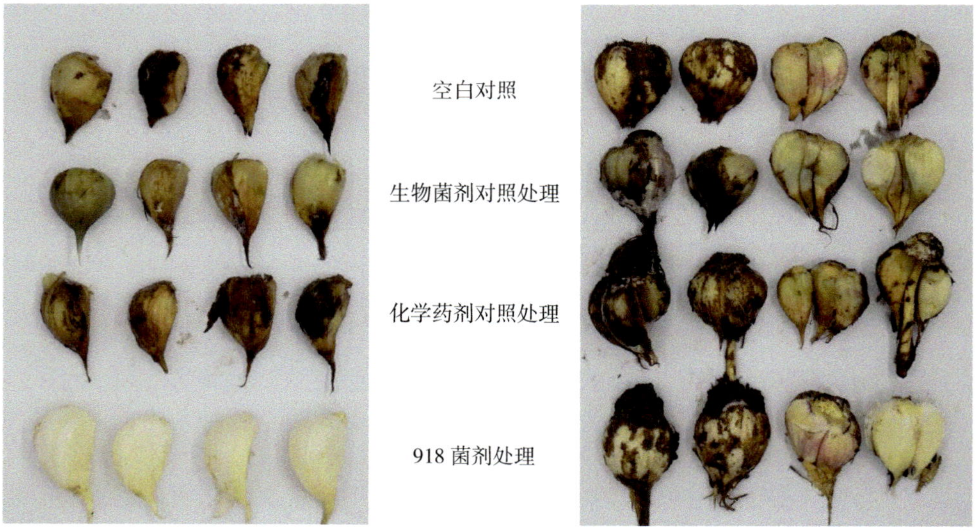

菌剂 918 有效防治大蒜死苗并延长大蒜保鲜期

（三）河北省农林科学院

2020 年，新冠肺炎疫情防控形势严峻，在省委、省政府的正确领导下，全院各级领导干部和广大职工认真落实习近平总书记提出的“确保双胜利”指示精神，勇于担当、履职尽责，在认真做好常态化疫情防控的同时，扎实有序推进各项工作，全面完成年度任务指标，实现了“十三五”的圆满收官，为“十四五”开好局、起好步打下坚实基础。

1. 机构发展情况

河北省农林科学院成立于 1958 年，院机关内设 9 个处室，辖 12 个研究所，处所级干部 70 人。现有在职职工 885 人，其中科技人员 761 人，具有高级职称的 548 人；具有博士学位 147 人，硕士学位 369 人。拥有国家百千万工程人选 3 人，享受国务院政府特殊津贴专家 26 人，省管优秀专家 18 人，省突出贡献专家 54 人，省巨人计划创新团队 4 个；国家现代农业产业技术体系岗位专家 17 人、试验站 22 个；河北省现代农业创新团队首席专家 6 人、岗位专家 34 人、试验站 3 个。拥有 22 个国家级、11 个省级创新平台和完备的综合试验站、实验基地体系；院博士后科研工作站在人社部（人力资源和社会保障部简称人社部）2020 年博士后工作综合评估中被评为“优秀等次”（河北仅两家），工作站工作人员获评“全国优秀博士后管理工作者”（河北仅一位入选）；全院科学试验用地 11 000 亩。

2. 科研活动及成效情况

（1）科研项目实现新突破

2020 年，全院承担省级以上科研项目 558 项，新增经费 2 963 万元，全年落实科研经费 1.7 亿元。其中，国家重点研发计划课题 1 项，新增经费 523 万元；获批国家自然科学基金项目 3 项，新增经费 140 万元；获批省级科技计划项目 41 项，新增经费 1 312 万元；结转项目 8 项，新增经费 640 万元；获批省自然科学基金项目 8 项，其中获批了 1 项省基金创新研究群体项目，新增经费 348 万元。

（2）科研成果再创新佳绩

科研产出持续增强，获得各级各类科技成果 25 项，其中国家技术发明奖二等奖 1 项，河北省科学技术进步奖一等奖 1 项、二等奖 1 项、三等奖 2 项，河北省社会科学奖二等奖 1 项、三等奖 2 项；审定（登记）农作物品种 62 个；获得植物新品种权授权 27 项；获得国

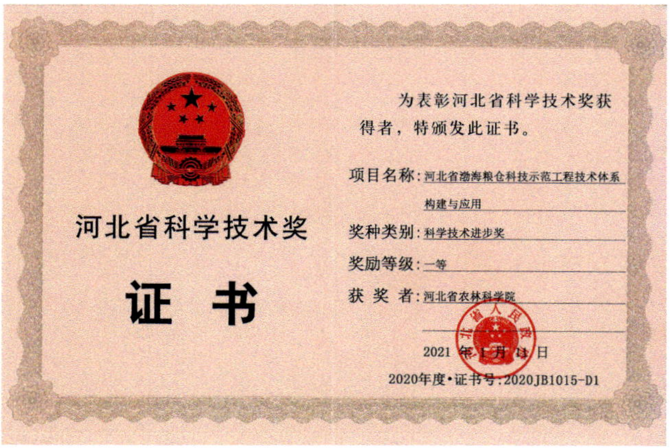

河北省科学技术进步奖一等奖

高产优质广适大豆冀豆

家授权专利 169 项；审定省（市）地方标准 51 项；获得软件著作权 129 项；集成创新 10 项全产业链绿色高效生产技术规程，其中 5 项被列入全省主推技术模式。启动实施第一届院青年科技奖评审，评选出一等奖 3 项，二等奖 4 项，进一步激发青年科技人员创新活力，增强科技成果储备。

（3）省级以上主推品种和技术稳步增加

一是自主培育的垦育 60、冀谷 39、冀花 19 号、冀花 16 号、冀豆 17、冀红苹果、冀研 20 辣椒、冀饲 3 号黑小麦、美佳系列西瓜等作物品种被列为省级以上主推品种。二是设施蔬菜（番茄黄瓜）化肥农药减施增效、韭菜周年绿色生产、养殖废弃物快速发酵及转化土壤修复生物肥料等 8 项绿色生产技术被列为省级以上主推绿色技术模式。三是设施蔬菜膜下滴灌综合节水、高效节水型夏玉米全程机械化、早春茬大棚番茄全产业链绿色生产等 25 项生产技术被列为省级以上主推技术。

（4）科技服务做出新贡献

我院坚持“抗疫不误农、科技助生产”，全年召开线上线下技术培训和现场观摩 541 场次，开展应急技术服务 44 场次，实地培训农民或技术骨干 5 000 余人次，超过 33 万人在线收听收看培训指导。建设完善成果示范基地 35 个，示范点 200 余个，其中平山元坊苹果基地荣获第六批全国“一村一品”示范村、苹果产品获国家苹果地理标志，隆尧果品基地所在村隆尧梅庄荣获 2020 年“全国文明村”，藁城大豆基地万亩示范区田间实收亩产达 272.9 kg，再次创造全国万亩大豆实收测产纪录。院市科技合作进一步深化，在衡水、邯郸、定州的 20 个县（市、区），围绕专用小麦、机收玉米、酿酒高粱、保健型黑小麦、鲜食甘薯、高油酸花生、优质谷子、设施蔬菜、特色水果、道地中药材、畜禽粪污无害化处理与循环利用等特色产业开展定制服务，助推区域农业高质量发展。加强科技引领乡村振兴示范村建设，服务的 3 个村入选农业农村部 100 个科技引领乡村振兴示范村（镇）样板村，行唐县东安太庄入选全国十大典型示范村。持续开展科技扶贫，组织 155 名科技人员深入全省 42 个贫困县 134 个贫困村开展帮扶，带动近 2 000 户贫困人口增收。积极发挥智库作用，提出《关于加快发展高油酸花生种植的建议》《我省春季农作物冻害发生情况及应对的技术措施》等技术建议 24 篇，多篇得到省领导肯定性批示。

冀麦 U80——优质、高产、节水小麦新品种

（5）平台建设再上新台阶

一是成功申报了河北省栽培生理与绿色生产重点实验室，已启动实验室建设工作；认真实施河北省发展和改革委员会“植保所工程中心改扩建项目”，不断完善本领域所需仪器设备，保持科研条件在国内同行中的先进地位。二是农业农村部黄淮海大豆生物学与遗传育种重点实验室项目获得农业农村部批复，正在进行项目初设；顺利实施“国家植物保护保定观测实验站”建设项目，实现植保、微生物和天敌的长期性、基础性数据收集，为有害生物高效防控提供科学依据。三是加强了公共平台的管理，取得了较好的成绩。其中，“河北省作物遗传育种实验室”在省重点实验室绩效评估中成绩突出，两次共获得了 120 万元绩效后补助；河北省农业生物资源保存中心运行良好，资源保存和利用的重要作用逐渐发挥出来；积极探索大型仪器设备共享机制，施行仪器设备专管员制度，公共实验室运行效率得到进一步提升。

（6）科技扶贫取得新进展

一是院领导先后多次到我院驻张家口市崇礼区清三营乡朝阳村和上南窑村调研指导，走访慰问结对帮扶贫困户，并与驻村工作队进行座谈，听取驻村扶贫成效考核情况汇报，要求

量 26 489.05 万元，其中纵向横向到账经费 19 620.02 万元，学校投入科研经费 6 869.03 万元。在重点项目立项方面，承担了国家重点研发计划专项课题“谷子高粱优质高效轻简栽培技术集成与示范”，国拨经费 480 万元；“特色作物新种质创制与旱作农业技术示范”列入科技部对发展中国家科技援助项目，国拨经费 238 万元。

(2) 科研成果与奖励方面

全年新增各类科研成果 832 项。其中，国家审（鉴）定品种 3 个、登记品种 41 个、省级审 (认) 定品种 58 个；植物新品种权 6 个、授权专利 368 件（国际发明专利 3 件，国家发明专利 78 件）、计算机软件著作权 197 件；行业标准 1 个、地方标准 86 个、团体标准 9 个；学术著作 58 部；被各级党政机关采纳或主要领导批示的咨询报告 5 项。发表高质量学术论文 436 篇。获得各级成果奖励 38 项，其中省级一等奖 1 项、二等奖 12 项、三等奖 15 项，其他奖 10 项。

山西省科技进步奖一等奖证书

在国际植物领域顶级期刊 *Nature Plants* 发表题为 *A mini foxtail millet with an Arabidopsis-like life cycle as a C_4 model system* 的学术论文，成为 2020 中国农业科研 32 个“亮点”之一。“猪肌内脂肪沉积的 lncRNA 生物标志物及检测试剂”“废弃储煤场复垦方法”“抗猪红细胞 CR1-like 分子膜结合肽片段多克隆抗体的制备”获得国际发明专利。

主持完成的“内陆盐碱荒地快速改良与高效利用关键技术研究与应用”项目获得山西省科技进步奖一等奖。针对内陆盐碱荒地资源不明、改良机理不清、缺乏系统的改良技术和模式、改良周期长、利用途径少等问题，通过 8 年定位试验研究，探明了大同盆地盐碱荒地资源总量，完成了区类评

改良前大同盆地盐碱荒地

生物改良制剂

价和利用规划；研究了盐碱荒地水盐运移规律，建立了水盐调控技术体系；将水利、化学、农艺与生物改良措施有机结合，构建了盐碱荒地快速改良技术体系；集成了盐碱荒地改良高效利用技术模式；天镇县千亩盐碱荒地经 3 年改良，不毛之地变为中高产田，成效显著。获得发明专利 10 项、计算机软件著作权 1 项，制定地方标准 6 项，发表学术论文 23 篇，牵头成立省级产业技术创新战略联盟 1 个，研发产品 9 个。成果达到国际先进水平，被列为全省重点推广技术。在山西、新疆、甘肃、宁夏、内蒙古、吉林等地应用推广 109.5 万亩，新增经济效益 2.79 亿元，通过国际合作应用到阿尔及利亚，经济社会生态效益显著。

(3) 科研平台与期刊方面

依托山西农业大学建设的“黄土高原特色作物优质高效生产省部共建协同创新中心”通过教育部认定；“有机旱作农业省部共建国家重点实验室”列入省部会商议定事项；“国家农业环境晋中观测实验站”“国家植物保护忻州观测实验站”“黄土高原区综合性农业科学试验基地”3 个农业科技创新能力条件建设项目列入 2020 年中央预算内投资计划；“山西右玉黄土高原草地生态系统定位观测研究站”入选国家陆地生态系统定位观测研究站建设计划；“国家草品种区域试验站（太谷）”“山西省兽药创新工程研究中心”“山西省功能农业工程研究中心”“山西省畜禽种质资源基因保护与利用中心”“畜禽种质资源保护单位（山西省边鸡保种场）”“山西省作物种质资源保护与利用中心”相继落户我校。《山西农业大学学报（自然科学版）》入选全国农林领域高质量科技期刊分级目录 T3 等级和 CAB 文摘。《山西农业大学学报（自然科学版）》《山西农业科学》《山西农业大学学报（社会科学版）》入选 RCCSE 中国核心学术期刊。

(4) 科技交流与合作方面

山西农业大学承担了科技部对发展中国家科技援助项目“特色作物新种质创制与旱作农业技术示范”；“植棉技术服务与产业基地建设”“非洲国家主要作物高产高效先进实用技术示范”；“马达加斯加棉花高产高效栽培技术研究与示范”3 个国际合作项目继续在马达加斯加实施。申报的国家留学基金委 2020 年度促进与加拿大、澳大利亚、新西兰及拉美地区科研合作与高层次人才培养项目获批；与美国俄亥俄州立大学、新西兰梅西大学、新西兰奥克兰理工大学、俄罗斯鄂木斯克国立农业大学等知名高校签署了校际合作协议；与图利亚大学科技学院签订了 3 年合作协议；承办了首届世界乡村复兴大会，邀请 9 名外籍专家采用线上视频会议的方式进行学术交流；40 余名学生应邀参加了鄂木斯克国立农业大学主办的“学生国际视野”论坛。组织、承办国内学术会议 24 次，邀请校外专家举办学术讲座 147 场，教师和科研人员外出参加学术会议 390 人次。山西农业大学被中国科协评为 2020 年全国科普日活动优秀组织单位，组织的“食药用菌健康产品开发及普及应用”等两项活动入选

天镇县盐碱荒地经 3 年改良后变为中高产田

内陆盐碱荒地快速改良与高效利用关键技术应用在阿尔及利亚

2020 年度“山西省十项公众科学素质特色活动”。

(5) 科技扶贫与乡村振兴方面

在临县、永和、左权、静乐、隰县等地建设红枣高接换优、核桃园套种矮秆高粱、玉露香梨有机旱作标准化种植、藜麦种质资源利用、太行类群牛高效繁育等科技扶贫示范基地 5 000 亩；在娄烦县柴厂村和石峪村扶贫点建设杂粮高产栽培、马铃薯良种繁育、饲草玉米艺机一体化、西梅采摘园、反季节香菇生产等科技扶贫样板；继续实施“助力攻坚深度贫困吕梁行动”，以建设标准化示范田、技术培训和技术指导为主要形式，确保脱贫攻坚与乡村振兴有效衔接。

深入推进“5+30”乡村振兴科技引领示范村建设，积极探索可复制、可推广的科技支撑乡村振兴产业发展模式。2020 年，山西农业大学克服新冠肺炎疫情的不利影响，精准发力，在五个示范村累计服务 400 余人次，示范推广新技术、新品种等 22 项，开展各类技术培训 7 场次、培训各类人员 200 余人，带动产业增收 1 700 余万元；与地方政府合作共建了“大同黄花产业发展研究院”“忻州杂粮产业发展研究院”“运城市农业科学合作研究院”“曲沃果蔬研究院”；与中阳、祁县、沁县分别围绕木耳、粮果、高粱等建立了合作关系，推动县域产业振兴。

(6) 科技成果转化推广与社会服务方面

坚持“科技成果‘成’在学校，‘熟’在企业，首先‘用’在山西”的理念，大力推进协同创新和产学研深度融合。鼓励教师、科研人员“走出去”“沉下去”，承担企业委托任务，研究解决企业发展中的技术难题。组织开展了第五批校级协同创新基地认定工作，认定 33 个省内农业企业为学校协同创新基地。目前，已认定 138 个校级协同创新基地，为科研成果就地及时转移转化、示范推广奠定了基础。全年向企业转让（许可实施）科技成果 57

项，到账转让收入 948.5 万元。围绕三大战略、有机旱作农业、功能农业以及县域主导产业和特色产业，实施示范推广十大工程，共示范新品种 294 个，集成技术 152 项，示范畜禽数量 2 513 只（头），核心示范田面积 1.78 万亩，辐射面积 48 万亩，总增产粮果菜 5 023 万 kg，增收 7 768 万元；组织各类培训 333 次，发放资料 8.9 万份，培训农民 1.92 万人次；为阳曲旱作节水、隰县玉露香梨、静乐藜麦、和顺肉牛、壶关旱地番茄、怀仁绿豆、万荣苹果、灵丘食用菌等特色产业的发展提供了有力的科技支撑。

（五）内蒙古自治区农牧业科学院

内蒙古自治区农牧业科学院是专门从事农牧业科学研究的公益一类事业单位，其前身是宣统二年（1910年）时任绥远将军瑞良奏请清廷批准成立的归绥农林试验场，至2020年已有110年的历史。2005年由原内蒙古农业科学院、内蒙古畜牧科学院合并组建为内蒙古农牧业科学院。2018年1月，内蒙古农牧业科学院被纳为自治区人民政府直属正厅级事业单位管理。业务范围涵盖种植业、养殖业、草原、生态、农畜产品质量安全和农牧业经济等研究领域。

围绕内蒙古农牧业产业发展需求，开展农作物种质资源创新与新品种选育、农作物耕作栽培管理与技术、耕地质量保育、农作物有害生物防控、地方家畜种质资源创新与新品种培育、畜牧标准化规模养殖、动物疫病防控、牧草品种选育与加工、生物技术、农产品质量安全、农畜产品加工技术、智慧农牧业等应用基础研究与科技攻关，解决了自治区及国家战略层面与产业层面的科学问题和技术瓶颈，科技成果在自治区示范应用，推动了农牧业向绿色高质量方向发展。

1. 机构发展情况

全院下设8个行政处室、12个研究所、2个研究中心和1个院属二类事业单位，编辑出版5种科技期刊。现有人员498人（编制数437人）。其中，拥有高级职称专业技术人员247人；在学历结构上，博士125人，硕士159人。现有中共中央组织部“万人计划”人选2人，人力资源和社会保障部“新世纪百千万人才工程”人选5人，科学技术部“领军人才计划”人选1人，何梁何利科学与技术创新奖获得者1人，国务院政府特殊津贴获得者10人，国家级杰出专业技术人才1人，农业农村部“农业杰出人才”1人，国家级突出贡献专家5人；自治区高层次人才131人，其中自治区科学技术特别贡献奖获得者2人，杰出人才奖获得者4人，中青年科技创新奖获得者1人，草原英才42人（领军人才2人，草原英才个人40人），“新世纪321”人才61人，突出贡献及深入一线专家19人，青年创新人才奖人选2人；拥有国家农业科研杰出人才创新团队、中华农业科技奖创新团队、自治区“草原英才”创新团队等创新团队40余个；在国家设立的50个现代农业产业技术体系中，有首席科学家3位（在岗2位），岗位科学家18位，综合试验站站长11位，处于全国省级农业科研机构前列。

2. 科研活动及工作成效情况

在科技创新方面，“十三五”以来，内蒙古农牧业科学院先后承担各级各类科技创新项目 1 159 项，总经费达 4.499 亿元，年平均承担项目 232 项、经费 8 998 万元；特别在国家重点研发项目、自治区重大项目争取方面创历史最好水平，“北方风沙区油沙豆防风固沙技术研究与示范”“中蒙抗逆、优质、丰产大麦新品种选育及产业化应用”项目 2019 年获国家批准立项，填补了科学院“十三五”期间无主持国家重点研发计划项目的空白。科学院共审（认）定、登记农作物、家畜、牧草新品种（系）41 个，获国家发明专利 34 项、实用新型等专利 219 项；制定地方标准 269 项；以第一作者或通信作者发表论文 906 篇，SCI/EI 收录 44 篇，出版专著 49 部；获自治区科学技术特别贡献奖 2 项，中青年科技创新奖 1 项；神农中华农业科技奖一等奖 1 项（填补了自治区空白）；自治区科学技术进步奖 26 项，其中一等奖 4 项；哲学社会科学优秀成果政府奖 5 项；全国农牧渔业丰收奖 5 项，其中一等奖 3 项；自治区农牧业丰收奖 43 项，其中一等奖 26 项，全院科研产出逐步增加，创新能力逐步增强。

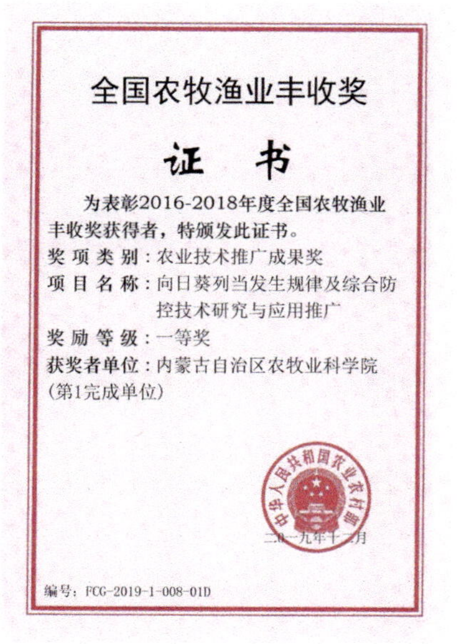

全国农牧渔业丰收奖一等奖

内蒙古自治区科学技术进步一等奖

在平台建设方面，“十三五”以来，科学院获批国家国际科技合作示范基地和国家引才引智基地 2 个国家级基地，获批国家农业环境观测实验站、土壤质量观测试验站、草品种区域试验站、肉羊遗传资源评价工程中心部委平台 4 个；新增自治区有关食用菌、向日葵、冷凉蔬菜、有害生物防控、农业遥感、退化农田修复、生态草牧业可持续发展等自治区重点实验室和工程技术研究中心以及工程中心 7 个。科学院承担的国家和省部级创新平台从

“十二五”末的32个增加到目前的49个。此外，还建立了“内蒙古农牧业科技成果转移转化中心”“内蒙古自治区农牧业科学院融媒体中心（农牧民培训中心）”，使科学院的平台条件有了很大的改善，为科学院创新发展提供了有力的保障。

在国内外科技合作方面，“十三五”期间，科学院与澳大利亚、加拿大、蒙古、俄罗斯、法国、日本等18个国家和地区开展了较高水平的国际合作，出访达150余人次，邀请近60位专家来我院或线上进行合作课题研究和学术交流活动。积极落实“科技兴蒙”行动计划，与中国科学院、中国农业科学院、中国农业大学等25家单位开展了广泛的科技合作。牵头组建了由43家组成的内蒙古农牧业科技创新联盟，参加了“国家农业科技创新联盟”“东北区域农业科技创新联盟”“西北农林科技创新联盟”等联盟12个。科学院对外合作与交流水平得到了显著提升。

内蒙古农牧业牵头成立的内蒙古农牧业科技创新联盟

内蒙古自治区农牧业科技成果转移转化中心启动暨培训会

在科技成果转移转化方面，“十三五”时期，科学院依托人才和平台优势及长期积累的科技成果，以推进农牧业产业发展和现代农牧业建设为主线，与巴彦淖尔、乌兰察布、通辽、呼伦贝尔4个盟市及杭锦后旗、四子王旗、阿荣旗、库伦旗等9个旗县实施了“院地共建”科技示范工程，在全区70余个旗县建立了科技成果转移转化示范区。累计示范推广动植物新品种、新技术面积达1亿亩，家畜近60万头/只，培训技术人员和农牧民20万余人次，为自治区农牧业产业发展和农牧民增收做出了重要贡献。派出扶贫工作队持续5年对口扶贫兴和县民族团结乡，为脱贫摘帽做出了贡献；在全区建立了30个科技示范村（镇），打造了5个乡村振兴科技示范样板村，为自治区打赢脱贫攻坚战做出了应有的贡献。

在宣传与技术服务方面，充分利用院融媒体中心和“内蒙古农牧通”App，组织科技人员开展生产技术多媒体培训。依托成果转化与示范推广项目及成果转移转化中心，组织科技人员积极开展科技下乡活动。充分利用广播、报纸、电视台进行宣传报道，提升我院的社会

与巴彦淖尔市进行“院市共建”合作

小麦“农麦 2 号”大面积示范观摩会

影响力和专家知名度。

2019 年，我院自行研发基于大数据和云应用的智慧农牧业云平台（简称内蒙古农牧通）。平台推广 32 类 360 多种我区常见动植物病虫草害的症状、病因及药物防治方法，集合了农牧业 140 位专家为全区农牧民提供生产技术咨询服务。现有用户注册数达 2 万多人，可支持 20 万个注册用户同时访问，运行期间，推送农牧业信息 2 万多条，为农牧民提供远程问答服务 5 000 余次。通过内蒙古农牧通小程序直播平台、中国知网等在线教学服务平台、中国电信 IPTV 农牧业平台、今日头条三农直播频道，以现场直播技术培训的形式进行在线授课，指导全区农牧业生产有序开展，在线直播技术培训累计访问量 10 万余次。

科技专家通过网络平台进行在线直播技术培训

（六）辽宁省农业科学院

1. 机构发展情况

辽宁省农业科学院始建于 1956 年，是辽宁省唯一的省级综合性农业科研机构。全院下设 38 个处级单位，其中管理部门 8 个、研究所（院）30 个，并与地方政府共建 5 个分院。现有在职职工 2 139 人，其中专业技术人员 1 651 人。拥有 37 个国家（国际）研究、检测机构等国家（国际）科技平台。

2. 科研活动及成效情况

2020 年，全院共承担各类科技项目（课题）809 项，项目资金 13 921 万元。争取各类科技推广与成果转化项目 46 项，资金 1 665 万元。2020 年，基本科研业务费达到 4 000 万元，为我院科技创新、成果转化、人才培养等工作提供了强力支撑。

（1）科技创新水平不断提升

围绕全面提升我院科技创新水平，在全院实施了学科建设重大工程。完成 42 个重点学科的评估工作，遴选一批优势、特色学科，并予以重点支持。出台学科建设评估考核实施办法，进一步规范学科建设，通过强化学科建设和发展，带动了全院科技创新能力和水平的整体提升。围绕学科发展，持续推进创新团队建设，进一步优化团队知识结构、年龄结构，造就一批优秀学科带头人和优秀青年科技人才，一批优势特色学科和创新团队，在国内的整体影响力显著提升。

（2）科技成果质量不断提高

持续推进重大科技成果培育计划，培育出一批优良品种，一批原创性科技成果研发取得新进展。玉米品种辽单 575 入选国家重点研发计划“玉米杂种优势利用技术与强优势杂交种创制”项目标志性成果；高食味优质稻辽粳 433、盐粳 219 获第三届全国优质稻品种食味品质鉴评粳稻组金奖；研发出“阜花”系列高油酸花生新品种和优质、高产高效配套生产技术，支撑辽宁省小粒花生产业集群项目发展；李杏资源保存评价和创新利用，育成国丰、国之鲜系列新品种，对辽宁省乃至我国特色果树发展做出重要贡献，成果达到国际领先水平；柞蚕品种选育取得新进展，研发出柞蚕重要害虫——步甲防控技术，柞蚕研究持续保持国际领先水平；开展刀鲚资源调查、评估与利用研究，在我省首次实现刀鲚苗种规模化繁育，为刀鲚这一珍稀濒危鱼类的资源养护和产业化发展提供了有力支撑。

审定、登记各类新品种 55 个，制定省级地方标准 41 项，获授权发明专利 69 项。作为第二完成单位完成的“北方旱地农田抗旱适水种植技术及应用”获国家科学技术进步奖二等奖 1 项；主持完成 64 项成果获市厅级以上奖励，其中省部级奖励 8 项（省科学技术进步奖一等奖 1 项、二等奖 2 项、三等奖 1 项，梁希林业科学技术奖二等奖 3 项、三等奖 1 项）。发表 SCI 论文 55 篇、EI 论文 4 篇、中文核心期刊 191 篇，出版著作 13 部。

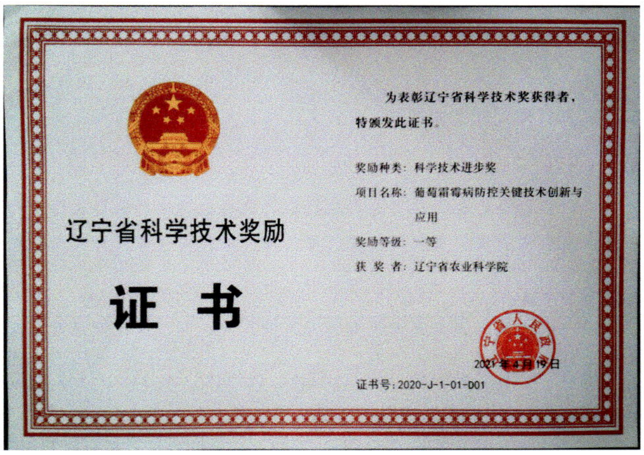

辽宁省科学技术进步奖一等奖证书

（3）科技平台建设不断强化

新争取国家农业环境阜新观测实验站建设等 4 个国家农业、林业、海洋渔业建设项目。以我院“农业农村部农产品质量监督检验测试中心（沈阳）”平台为基础，整合全院资源，进一步完善农产品质量安全检测与控制技术研究平台。

（4）合作交流渠道不断拓宽

辽宁省农业科学院成为全国“100+*N*”开放协同创新体系建设的第一批省级农业科研试点单位，与科技部农村中心、辽宁省科技厅签订三方合作备忘录，积极推进“100+*N*”开放协同创新体系建设。与中国科学院沈阳应用生态研究所、中国农业大学、中国农业科学院、中国林业科学研究院、中国水产科学研究院等国家级科研院校签订了战略合作协议，并与中国农业大学在辽宁分别成立了农业农村部保护性耕作研究中心辽宁分中心、中国农业大学保护性耕作研究院辽宁分院，与中国林业科学研究院 6 个团队、中国科学院沈阳生态所 2 个团队分别组建了协同创新团队，共同开展协同攻关和人才培养。

“100+*N*”开放协同创新体系建设签约仪式

3. 科技成果转化与服务情况

聚焦省乡村振兴和农业绿色高质量发展，认真组织开展乡村振兴科技支撑行动。重点打造了 30 个乡村振兴科技引领示范村镇，建设了一批高产高效粮油作物、蔬菜、果树等现代产业化示范区、示范基地，充分发挥典型的引领、带动作用。组织院属研究机构 600 多名专家深入乡村振兴第一线，在全省 50 多个县（区）开展技术服务。示范、推广各类新品种 480 个、农业关键技术 432 项次。科技服务辐射覆盖面积 3 000 万亩，新增经济效益 50 多亿元。

深化院地科技共建。继续与阜新、辽阳、抚顺等 10 个市开展科技共建。目前，选派 9 名科技副县长、28 名科技副乡镇长，组建 30 个专家服务团队，在共建地区开展技术指导和培训，为区域经济发展做出贡献。与辽阳市共建国家现代农业示范区，推进绿色水稻、特色水果等 10 余个科技小院建设，使科技与地方经济发展有机融合。与阜新市共建章古台草原生态展示区、沈阜 200 万亩现代农业示范带，打造风沙半干旱地区农牧结合高效生态农业模式，争取国家小粒花生产业集群项目落户阜新，“阜新小米”“彰武地瓜”成功申报国家地理标志证明商标。

粮丰项目核心示范区测产验收会

加强科技培训。充分发挥院人才和技术优势，组建由 309 名专家组成的 15 个产业方向的乡村振兴专家讲师团，结合项目实施以及建立的共建、合作平台，编写乡村振兴系列科技丛书 9 分册初稿，集中培训 445 场次，现场指导 3 200 余次。通过电台、电视台、中国知网、微信、快手等平台服务企业，指导农户，累计培训指导 500 万人次。加强与省妇联合作，联合推出 8 场“乡村振兴巾帼行动”服务直通车现场直播课堂，在线观看 300 余万人次。

实施科技特派行动。实施省级科技特派团项目 87 项、市级特派员项目 27 项，投入科技特派经费 1 273 万元。建设 40 个科技特派示范基地，以点带面，引领和带动了铁岭大米、喀左食用菌等产业发展，打出了品牌，促进了地方农业产业优化升级、提质增效，助推当地脱贫致富和乡村振兴。

推进成果转移转化工作。完善制定《院科技成果转化管理办法》《院科技人员离岗创业和在岗兼职管理办法（试行）》《院知识产权管理办法》等，进一步健全科技成果转移转化机制，激发科技人员成果转化内生动力，推动科技成果转化为现实生产力。完成科技成果转化合同 362 项，合同金额 3 373 万元，实现净收益分配 1 349 万元，均创历史新高。

4. 科技扶贫情况

选派 5 名首席专家、9 名科技副县长和 43 名第一书记（副乡镇长），定点帮扶 7 县 12 村，组建 33 个扶贫工作队、专家团队，深入一线开展产业扶贫。创建了“政府 + 科技 + 企业 + 贫困户”科技扶贫模式，形成科技扶贫长效机制。先后与兴城、彰武、绥中开展科技扶贫共建，为我省乃至全国脱贫攻坚提供可借鉴、可复制的经验。“科技扶贫辽宁兴城经验”入选国务院扶贫办组织编写的《中国减贫奇迹怎样炼成——脱贫攻坚案例选》。开展科技援疆和东西部扶贫协作。建立塔城分院，合作建立了辽塔农业科技示范园，引进蔬菜、果树、玉米、棉花等新品种，并组织开展技术服务；选派经济林、果树、食用菌等专家，两次赴贵州六盘水开展软枣猕猴桃和食用菌产业调研、培训指导，取得良好成效。

粮丰项目测产现场

国家脱贫攻坚信息报刊登《辽宁创新科技扶贫模式助推产业精准脱贫》，得到刘宁省长批示。2020 年 12 月 1 日出版的《人民日报》以《辽宁省农科院实施科技扶贫，选派技术人员到一线挂职——农技专家来到田间地头》为题报道我院科技扶贫工作。科学院连续 4 年被评为“省定点扶贫先进单位”，2020 获评“全国脱贫攻坚奖组织创新奖”。

2020 年获全国脱贫攻坚奖组织创新奖

（七）吉林省农业科学院

1. 机构发展情况

吉林省农业科学院成立于 1959 年，是省政府直属的以应用研究为主，兼顾应用基础研究和公益性科技工作的综合性农业科研机构。2004 年吉林省政府和中国农业科学院依托吉林省农业科学院共建“中国农业科技东北创新中心”，与吉林省农业科学院合署办公。目前，拥有 12 个处室、20 个科研科辅机构，1 个海南科学实验基地。现有在职职工 1 146 人，科技人员 844 人。博士 172 人、硕士 386 人。百千万人才工程国家级人选 5 人，全国杰出专业技术人才 1 人，国家“有突出贡献中青年专家”3 人，国务院政府特殊津贴专家 17 人，农业农村部农业科研杰出人才 2 人，吉林省高级专家 19 人，吉林省拔尖创新人才 78 人，吉林省有突出贡献中青年专业技术人才 40 人。承建各类国家和省级科研平台 81 个，现有仪器设备 1.3 万余台套，收集保存玉米、水稻、大豆、杂粮杂豆、特色蔬菜、抗寒果树、工业大麻等各类农作物种质资源 6 万余份。收藏科技文献 30 万余册，各种珍贵档案资料 6 万余卷。编辑出版《玉米科学》《东北农业科学》《农业科技管理》3 个学术期刊。设有“农友网”“吉林星火计划网”“吉林玉米网”3 个网站和“吉林星火计划网”55 个市 (州)、县子网。

2. 科研活动及成效情况

2020 年是极不寻常的一年。我院坚持以习近平新时代中国特色社会主义思想为指导，坚持一手抓新冠肺炎疫情防控、一手抓创新发展，经过全院职工的共同努力，圆满地完成了全年工作任务。

（1）项目承担情况

新立项目 269 项，总经费 5 340.32 万元。其中，竞争类项目 224 项，经费 4 801.82 万元；自主创新项目 45 项，经费 538.5 万元。国家自然科学基金项目 3 项，经费 107 万元；科技部重点研发计划项目 2 项，经费 157 万元；省科技厅项目 73 项，经费 2 803 万元；省现代农业产业技术示范推广项目 13 项，经费 477 万元；畜禽遗传资源开发利用项目 6 项，经费 198 万元；省预算内基本建设资金（创新能力建设）项目 3 项，经费 95 万元；省现代种业发展专项 2 项，经费 95 万元；省农产品质量安全专项项目 2 项，经费 40 万元；主要农作物品种审定检测试验项目 19 项，经费 96.74 万元；地方标准项目 30 项，经费 126 万元。

（2）科技成果产出情况

鉴定验收项目 82 项；审定（登记）的动植物新品种 51 个；获得植物新品种权 2 件；获得授权专利 70 件；发布农业标准 10 项；出版著作 9 部；发表学术论文 382 篇，其中，SCI/EI 论文 69 篇。获得各级奖励 12 项，其中，省特殊贡献奖 1 项，此奖项自设立以来在全省农业领域共奖励 3 位科学家，均由我院专家所获；省科学技术进步奖一等奖 2 项，省自然科学二等奖 1 项，省科学技术进步奖二等奖 8 项。

（3）重点研究领域进展情况

育种研究："吉单 599、吉单 436、吉单 953、吉单 62"等玉米新品种在农业生产示范和品种试验展示中表现出抗倒、高产等突出优势。利用玉米单倍体育种技术育成黄绿苗新标记诱导系"吉黄诱 7 号"，填补了我国无幼苗期鉴定标记的空白。"吉粳 528"在第三届全国优质稻品种食味品质鉴评活动中蝉联金奖，"吉粳 830"在吉林省第九届优质食味水稻新品种鉴评中荣获一等奖，进一步确立了吉林省农业科学院在优良食味水稻选育研究中的领先地位。大豆杂交种"吉育 611"大面积制种产量再创新高，亩产达 113.87 kg。常规大豆品种"吉育 86"在新疆公顷产量达到 6 803.1 kg，刷新了全国高产纪录，"吉育 204"在松原万亩示范带实收亩产 283.3 kg，突破了吉林省大面积高产纪录。糯高粱新品种"吉杂 238"支链淀粉含量 99.37%，吉林省最高。长穗柄高粱杂交种"吉杂 383"适宜机械化生产。饲草高粱杂交种"吉草 8 号"饲草鲜重公顷产量达到了 80 t。春小麦新品种"吉春 28 号"通过吉林省审定。谷子杂种优势利用研究取得重大突破，培育出"吉杂谷 1 号"，填补吉林省杂交谷空白。抗除草剂谷子新品种"公谷 90"达到国家一级优质米标准。早熟直立型绿豆新品种"吉绿 14"粗蛋白、粗淀粉含量均达到国家食用绿豆二级标准。选育苜蓿杂交种新品系 4 个，无芒雀麦、山羊豆等牧草新品系 5 个。花生新品种"吉花 10 号""吉花 23"，甘薯新

"吉粳 528"荣获第三届全国优质稻品种
食味品质鉴评金奖

"吉粳 830"获吉林省优质食味
水稻新品种一等奖

品种“吉紫薯 5 号”完成国家品种登记。油莎豆新品种“吉莎 1 号、吉莎 11 号”，李子新品种“公主红”通过省初审。耕作栽培研究：“玉米机械籽粒收获高效生产技术”“花生带状轮作技术”成果入选 2020 中国农业农村重大新技术。创建了以玉米秸秆全量还田为核心的黑土全耕层培肥绿色生产工程化技术体系，稳定支撑了高产玉米群体创建，大面积应用后效果显著。构建了吉林省西部生态因子调优利用水稻丰产技术模式，大幅提升了区域生态因子利用效率及农艺 – 农机融合度。植物保护研究：首次明确东北三省马铃薯 Y 病毒（PVY）群体遗传株系多样性及进化机制，成功构建 PVY 侵染性克隆，建立了 PVY 反向遗传学研究体系；建立马铃薯 6 种病毒 ELISA 检测方法，填补吉林省植物病毒检测技术空白；首次明确了吉林省昆虫病原线虫资源的种类和分布，初步建成昆虫病原线虫室内扩繁生产线。研制的白僵菌田间应用剂型可乳化粉剂和可湿性粉剂完成登记。建立的玉米秸秆堆肥及生防微生物复合生产技术，实现从害虫卵期到幼虫期协同增效的可持续防控。畜牧科学研究：开展吉林省地方肉牛全基因组选择工作，构建了高饲料利用率的草原红牛、延边牛和延黄牛群体，延黄牛参考群 3 个家系 196 头。“吉林马”保种群体 210 匹，分子标记优选多胎肉羊核心群 1 656 只，筛选构建吉林多胎肉羊核心群。新吉林黑猪核心群初步建立。黑猪冻精关键技术取得阶段突破，解冻活率 70% 以上。吉林芦花鸡矮脚系、吉林黑鸡初步建立核心群，并列入省畜禽遗传资源。其他研究：转基因抗病虫大豆和氮肥高效利用玉米研发获突破性进展，获批环境释放转基因玉米、大豆品系 13 份，申请环境释放转基因玉米 4 份、转基因水稻 1 份，申请生产性试验转基因大豆 13 份。筛选出果蔬发酵专用等功能性益生菌菌株 7 株，建立了基于受体识别的塑化剂及双酚残留检测方法。开展了稻田秸秆全量低温发酵催腐还田、秸秆与粪污肥料化利用技术等一批技术的研究与示范，利用玉米芯基质栽培白灵菇等技术均已成熟，并在省内大范围推广应用。农产品风险评估与检测技术、转基因作物安全评价与分子检测等研究扎实开展。

（4）科研条件保障情况

全年到位一般公共预算财政拨款 2.31 亿元。完成试剂耗材采购总额 1 300 余万元；采购仪器设备 970 台套，2 500 余万元；完成基建维修项目 18 个，合同金额 2 743 万元。完成农业农村部“水稻盐害科学观测实验站、大豆科学观测实验站、果树科学观测实验站”等 6 个科研平台建设。

（5）人才工作情况

全年引进博士 11 人，硕士 37 人，高层次和实用型人才 5 人；选派 2 人攻读博士，获得博士学位 3 人；建立院人才之家，为 43 人提供引进人才、博士后、研究生基金资助；有 68 名高层次人才通过 D 类以上人才认定。推荐各类人才 35 人次，9 人获国家和省级人才称号，其中 1 人入选国家百千万人才工程、国家“有突出贡献中青年专家”。招收研究生 59 人；3 名博士后进站，5 名博士后出站，在站博士后 15 人。

（6）科技交流合作情况

创新线上云模式，科技合作提质升级。与澳大利亚新英格兰大学合作，联合研发禽用 12 室呼吸测热装置 1 套，技术水平达国际先进。与俄罗斯的科研所、全俄植保研究所、美国罗格斯大学等国外大学机构开展乡村振兴、生物防治、黑土地保护研究，在多学科领域取得新进展。与辽源市政府开展合作，助力地方企业实现产业转型升级。与省气象局战略合作，推进农业防灾减灾能力建设。与省佳焱农业科技开发公司等多家企业在农作物资源研究利用等领域达成初步合作意向。承办了大型学术会议 9 次，参加各类学术会议 1 400 余人次，举办学术报告会 50 余次，160 余位专家做学术报告。

（7）科技扶贫情况

在平保村发展芦花鸡养殖、黏玉米种植、果树村建设产业，培育种养殖大户；开展“送温暖”“金秋助学”活动；募集扶贫捐款 7.1 万元，购买扶贫产品 19 余万元。和龙市老头沟镇科技帮扶工作圆满结束。

（8）成果转化与推广情况

在乾安、榆树、桦甸、公主岭建立 4 个科技示范县（市），在东丰县小四平镇等地建立 18 个科技示范村（镇），助力公主岭市申报国家农高区获批，和龙市光东村等示范村优质品种覆盖率达到了 100%。推广玉米、水稻、大豆、杂粮杂豆、果蔬、牧草等新品种 800 余万亩，“吉粳 816”推广面积超 200 万亩，是继“吉粳 88”后又一个年推广面积超百万亩的品种；推广赤眼蜂防螟面积 1 000 余万亩；推广玉米秸秆全量还田、玉米化肥减施增效，花生、向日葵、四季草莓高产栽培技术等 370 余万亩。草原红牛、松辽黑猪、肉羊、优质地方鸡等畜禽品种得到广泛推广。签订转让合同 134 份，成果转化收益 2 400 余万元。

（9）科技服务情况

组建 369 人乡村振兴专家服务团队，设立“乡村振兴科技支撑”网站。提出 10 余篇农业生产建议，指导全省春耕生产和降灾止损工作。依托“e 支部”“微信公众号”“快手”等新媒体平台，开展“点对面”远程技术培训和服务，发布网络课程 31 部，总观看量达 34.4 万次；技术短视频 200 部，在线直播 32 场，累计观看 5 236.96 万人次。发挥“团队 + 新型农业经营主体”作用，开展“点对点”技术指导服务，与柳河县姜家店朝鲜族乡等 12 个示范村以及 333 个“基地基点”开展远程对接指导，解决生产实际问题。依托“12396”农业科技热线电话、“农友”网、远程视频咨询、微信公众平台、手机 App 等平台开展农技咨询服务工作 7 000 余次。

抗除草剂谷子新品种“公谷 90”展示田

第十九届中国长春国际农业·食品博览（交易）会
我院主题展区

与乾安县人民政府签署共建乡村振兴科技引领示范县
战略合作协议

杂交大豆新品种“吉育 611”百亩连片制种亩产
达 113.87 kg，再创制种新高

在梨树县开展“微生物杀虫剂防治西蓝花害虫”观摩会

王立春荣获吉林省科学技术特殊贡献奖，特颁发此证书。

吉林省科学技术特殊贡献奖

证书

吉林省人民政府

省　长　韩俊

2020年11月4日

证书号：2020T00002

作物栽培专家王立春研究员荣获
吉林省科学技术特殊贡献奖

（八）黑龙江省农业科学院

2020 年是极不平凡的一年，面对突如其来的新冠肺炎疫情冲击，在省委的坚强领导下，全院上下防疫科研两不误，在确保全院新冠肺炎零感染的基础上，扎实践行习近平总书记对东北和我省重要讲话指示精神，科技服务龙江决战脱贫攻坚和全面建成小康龙江，交了一份合格的农科答卷。

1. 科研立项态势良好

全年承担各级各类科技项目 149 项，项目经费 20 102.7 万元，与去年同比增加 26.7%，省级立项比重有所提升。农业科技创新跨越工程针对我省现代农业发展科技需求和技术瓶颈设立的 22 个专项进展顺利；省“百千万”工程科技重大专项水稻生物育种专项我院中标，是 2019 年度唯一由科研单位牵头承担的专项；种质创新专项“大豆品种研发能力提升项目补助资金”获资助 4 272 万元；首次获得国家自然科学基金委员会重点（联合）基金项目；筹措资金 500 万元支持自主原始创新，立项院级课题 122 项。

2. 创新载体不断壮大

获批成立黑龙江省黑土保护利用研究院。争取到国家耐盐碱水稻技术创新中心东北分中心筹建资格。新增优质抗病粳稻育种、饲料作物育种、青贮玉米育种与栽培调制 3 个省技术创新中心。南繁新基地投入使用，基础建设全面启动。3 个农业农村部重点实验室及国家农作物品种（哈尔滨）测试站等在建项目基本完成。4 个国家观测实验站及春玉米全程机械化科研基地、寒地作物种质资源中期库建设项目资金到位并启动建设。杂志社旗下 3 个期刊连续 9 次入编《中文核心期刊要目总览》。

3. 原创成果产出稳定

寒地早粳稻优质高产多抗龙粳系列新品种入选“十三五”全国农业科技十大标志性成果。主持项目获黑龙江省科学技术奖二等奖 11 项、三等奖 11 项，参加获得国家科学技术进步奖一等奖 1 项、二等奖 2 项。审定农作物新品种 110 个（玉米 19 个、水稻 39 个、大豆 43 个、小麦 9 个），57 个自育品种入选全省主要粮食作物主推品种，占比 54.3%（水稻 21/31、大豆 26/46、玉米 10/28）。发表论文 837 篇 (SCI 53 篇)，出版论著 7 部，制定和修订国家标准6个、行业标准4个、地方标准和企业标准83个。

4. 知识产权工作全面发力

全年获发明专利等专利授权277件，同比增长35.8%；知识产权保护和成果转移转化累计培训800余人次。获省技术转移示范机构绩效优秀奖励100万元。作物资源研究所获全国农业植物新品种保护先进集体称号。

5. 成果宣传方式不断丰富

参加第八届“绿博会”，继续担当第三届国际“大米节”技术负责单位，松粳28获得银奖，龙稻27、龙粳1656、松粳22获得铜奖。松粳29获得第三届全国优质稻（粳稻）品种食味品质鉴评金奖。

6. 科技服务展现新作为

为破解新冠肺炎疫情防控期间科技下乡难，利用电视台、网络推出《科技助农在线帮》栏目160期，网络播放量超7 100万，打造出科学院科普新名片。全院333名“三区”人才直接服务面积172万亩，下沉服务贫困户1.1万人次，累计开展网络科技服务2万余次。科普基地被授予“全国粮食安全宣传教育基地”。制作16部备春耕农技微视频推送到学习强国平台、农业农村部“云上智农”全国农业科教云平台、省农业农村厅“惠农助手”等多个平台。

7. 高产创建取得良好显示度

设立院级高效绿色现代农业示范项目24项，示范核心成果40项、形成技术规程34项、建立稳定示范基地43个，占地7 177亩，项目核心示范基地直接经济效益1 469万元。在全省范围内大力开展大豆高产创建行动，累计示范大豆品种30余个，示范面积9 000余亩。合农71以亩产336.2 kg刷新东北地区大豆实收单产纪录，黑农511、黑农98、齐农10、东升77、绥农53、牡豆11等新品种示范亩产突破250 kg，黑科60在北部区达到亩产230 kg水平，多个品种达到了突破性高蛋白大豆品种的标准要求。

8. 对外合作显现新机遇

积极转变工作方式降低新冠肺炎疫情对外事工作的影响，开通网络渠道召开了第七届中挪农业可持续发展研讨会、第三届哈尔滨国际猪业峰会。通过线上交流圆满完成了6项高端外国专家引进计划项目。我院大豆品种在俄罗斯登记工作取得突破性进展，8 个出口参加测试品种表现良好，已经入围下阶段俄罗斯国家品种试验。

9. 人才引进培养扎实推进

通过“一站式”和公开招聘，引进博士 11 名、硕士 49 名。有 16 名职工获得博士学位，新考取博士 3 人，全院在职攻读博士总计 61 人。有 25 名博士后进出站，在站博士后 79 人。学科团队建设更加规范。对学科带头人空缺、带头人与后备带头人年龄倒挂、后备带头人年龄偏大、学科团队成员偏少的 88 个学科进行了人员调整补充和学科更新，调整带头人 20 名、后备带头人 61 名，增补成员 154 名，合并及撤销学科 5 个，调整后现有院级学科 133 个。

（九）黑龙江省农垦科学院

1. 机构发展情况

黑龙江省农垦科学院是1979年经省编委批复成立的副厅级事业单位，隶属于北大荒农垦集团有限公司（黑龙江省农垦总局）的公益一类事业单位，始终围绕黑龙江垦区现代化大农业建设涉及的关键技术问题开展科学研究。拥有哈尔滨和佳木斯两个院区，12个研究单位、1个实验农场。是一个涵盖农作物育种、栽培、植保、农业机械、畜牧兽医、科技信息、电子技术、测试化验、农机鉴定等多学科、多专业综合性农业科研机构，并承担农业农村部食品质量监督检验测试中心、大豆及大豆制品质量监督检验测试中心、干燥机械设备质量监督检验测试中心、省农机产品质量监督检验等多项检测职能。

目前，全院总占地面积4 075.9 hm^2，20万元以上科研仪器80余台套，固定资产总值2.2亿元；全院事业编制432个（含农机鉴定站32个）。截至2020年，实有在岗人员313人，具有高级职称人员127人（二级正高9人，正高级68人，副高级59人）。博士11人，硕士123人。省级学科带头人5人，北大荒集团（总局）级学科带头人12人。享受国务院政府特殊津贴专家8人，省政府特殊津贴专家5人。

2. 科研活动及成效情况

“十三五”期间，在集团（总局）党委的正确领导和关怀支持下，黑龙江省农垦科学院努力为垦区提供有力科技支撑。特别是2020年以来，深入贯彻落实习近平总书记“给农业插上科技的翅膀”重要指示精神和集团（总局）党委确立的“一体两翼”发展战略，立足当前，着眼长远，提出了树立“重科研、强管理，重育人、促成果，重推广、求合作，稳队伍、上项目”的工作理念，努力实现“科技创新能力和科技创新质量”的“两个新提高”目标，着力打造“创新学习、人才聚集、开放协同”的“三新”科学院。

黑龙江省农垦科学院“十三五”国家重点研发计划课题示范现场会

（1）主栽作物

在优质新品种应用方面，以水稻、玉米、

大豆提质增效生产技术为核心，推动垦区种植业产业结构调整与优化升级，发挥集团合力优势，创新农作物新品种。2020 年示范推广垦研 017、垦稻 32、垦稻 1725 等优质、高产垦稻系列新品种（品系）10 余个，新品种展示 180 个，在全垦区累计推广种植 150 余万亩，新增稻谷超 6 000 万 kg，新增社会经济效益 2 亿元左右；与相关种子企业联合开发垦研 017、垦稻 51 等优质水稻新品种；从寒地水稻生态特点出发，推广适合本地区种植的优质高效的水稻品种垦稻 41、垦稻 90 和垦研 017 等 5 个品种，双氧快速催芽、多重防病、苗床精量施肥及智慧诊断 4 个配套栽培技术，年推广示范面积 21.5 万亩，带动经济效益 5 000 多万元；大豆自育品种在垦区覆盖率 20% 以上，系列品种垦豆 40、垦豆 43、垦豆 58、垦豆 62、垦豆 94 平均亩产达到 220 kg；玉米垦单 15，亩产实现 803.8 kg，较当地主栽品种增产 132.8 kg/ 亩。特用玉米垦粘 7 和垦粘 8，核心区产量较对照增产 48.4 ～ 58.7 kg/ 亩；2020 年冬季在俄罗斯布拉戈维申斯克进行的小麦冬播试验，长势良好，对方已预约今年冬季近万亩的种植计划。

在科技创新方面，生物有机肥产业化加工与科学施用技术可减少化肥用量，减轻农业面源污染，提高作物产量和品质，已累计推广应用 37 万 hm^2，平均增产 8% 以上，每公顷平均增收 800 ～ 850 元，新增利润 29 800 万元，合计新增利润 30 120 万元；水稻丰产节水节肥关键技术累计推广面积 2 000 余万亩，单位规模新增纯收益 82.77 元 / 亩；寒地水稻生育智慧调控技术在寒地特定的水稻生产模式下，应用现代智能手段，进行水稻生育诊断和预测，提出相应的调控措施，达到标准化、智能化生产和优质高产的目的；水稻双氧快速催芽技术 2020 年应用面积达 200 多万亩，仅浸种药剂一项降低成本 1 元以上，浸种时间由传统的 12 天缩短至 2 天左右；水稻种植化肥农药智能机械化减施增效技术在 2020 年进行大规模示范，达到化学肥料农药减施的预期目标，可有效降低化学肥料施用量达 17% 以上，化学农药 30% 以上；全面推进北大荒农垦集团现代农业科技项目等重点科研计划项目的落地，结合集团“智慧农业”“丰粮计划”等发展规划，我院“物联网 + 大数据”助力青龙山农场智慧水利实现高质量发展；农业工程研究所与黑龙江大千环保科技公司开展科企合作；农垦农业机械试验鉴定站完成“北大荒建三江无人农场项目”现场试验工作。

（2）经济作物

水稻育秧棚二次利用技术采用绿色防控技术以及合理的水肥管理措施，其中香瓜亩增效 23.4%；特色番茄增效 8.0%；甜瓜增效 9.3%；木耳产量 40.2g/ 袋，平均单产增产 5.8%，亩效益 5 100 元；利用水稻育秧棚后期开展马铃薯商品薯和小种薯的种植，可以实现种薯生产商品薯闭环。

（3）畜牧领域

启动“黑龙江垦区奶牛单产提升计划”，2020 年，在垦区奶牛高产攻关活动的基础上，

黑龙江省农垦科学院水稻专家现场为农户指导种植技术

集团启动了“规模奶牛场单产12吨提升行动”，畜牧兽医研究所成立了“12吨奶提升行动”技术专家组，重点推广后备母牛基因组检测，犊牛和育成牛培育，优质粗饲料加工，围产期奶牛代谢病的防治等10项相关技术。目前垦区39个规模牧场平均奶牛单产9.84 t，其中10～11 t的牧场14个，11 t以上的牧场5个。持续开展“培育北大荒乳肉兼用牛新品种”工作，实验牧场为垦区内外培育种公牛102头，种母牛25头，其中为北京奶牛中心和山东奥克斯畜牧种业有限公司培育后备种公牛14头，另有8头后备种公牛将与北京奶牛中心联合培养，种质资源在全国推广应用。

（4）农机装备

水稻侧深施肥机解决了传统水稻生产中存在的施肥量大、利用率低、肥料养分流失且污染环境等问题，可节约劳动投入成本，肥料利用率提高5%～10%，肥料施用量降低10%～20%，比常规施肥方式增产5%～10%。近3年在垦区50多个农场进行推广应用，技术累计覆盖水田2 568.7万亩，减少肥料用量超5 100万kg，取得21.41亿元经济、社会效益。

（5）农技服务

围绕集团农业信息化数字化发展战略，我院投资50万元建设了融媒体平台。平台的搭建将农业生产新技术、新方法通过信息化手段，快捷地推送到农民朋友的手中。

在2020年新冠肺炎疫情防控攻坚战和科技助农保春耕关键时期，我院创新转变科技服务方式，聚集全院优势学科和优秀专家资源，利用“互联网＋*N*”的线上模式，组织参加惠及数十万农户的“科技在线助春耕”活动。开设了“农垦科学院农技直播”“科技在线一帮一”“稻得经”手机App等互助平台为广大种植、养殖户提供信息支持，推广传播农业科技知识，在《北大荒日报》、北大荒电视台包版刊载、包栏播放科技讲座20余期。为确保疫情防控期间农产品质量安全，我院农业农村部食品质量监督检验测试中心（佳木斯）启动应急抽检预案，迅速开展国家和黑龙江省下达的共计900多批次畜禽产品的抽样检测及结果上报工作，保证了疫情防控期百姓舌尖上的安全，筑起一道坚实的百姓“菜篮子”安全防线。农业机械试验鉴定站（垦区农机产品质量投诉站）在3月15日启动了以“聚力提质量　护农保春耕”为主题的网上“农机3·15”活动应急预案，及时为垦区农机户提供全方位的维权服务。

（十）上海市农业科学院

1. 机构发展情况

上海市农业科学院成立于 1960 年。经过 60 余年的建设，现已发展成为一个学科较齐全、设备先进、学术水平较高、成果转化能力较强、为上海和全国农业发展提供强有力支撑的地方综合性农业科研机构。

2020 年度，上海市农业科学院加强领军人才培养，1 人入选国家百千万人才工程人选，1 人获上海市先进工作者荣誉称号，1 人入选上海市农业领军人才。招聘硕、博士 42 名，全院科技人员中硕、博士占比达到 84.3 %，35 岁以下青年科技人员占比达 36%，高级专业技术人员占比达 51.8%，人才结构进一步优化。

全院现有在职职工 828 人，其中专业技术人员 741 人，具有高级专业技术职务 383 人，硕、博士 627 人，享受国务院政府特殊津贴专家 65 人，入选国家百千万人才工程 3 人，上海市领军人才 14 人，区领军人才 30 人，上海市千人计划 1 人，1 人当选为世界食用菌生物学和产品学会主席。

2. 科研活动及成效情况

（1）科学研究课题情况

2020 年，全院获批各类计划项目及课题共 255 项，其中国家级项目及课题立项 65 项、上海市科学技术委员会（简称市科委）计划项目及课题 48 项，上海市农业农村委员会各类计划项目及课题 70 项。2020 年全院获资助国家自然科学基金项目达 13 项，其中面上项目 4 项。紧密围绕产业实际需求开展项目策划，最终有 5 个顶层设计项目入围 2021 年上海市科技兴农项目申报指南。2020 年新增主持国家重点研发计划课题项目 1 项，课题参加 8 项。

（2）重要研究进展及科技成果

2020 年，高质量科技论文发表取得突破，多篇学术论文在 SCI 1 区 Top 杂志上发表，发表了 3 篇影响因子达 10 分以上的论文：邹国燕研究员团队在 *Applied Catalysis B: Environmental*（IF= 16.683）、蒋杰贤研究员团队在 *Nature Plants*（IF=13.256）、赵志辉研究员团队在 *Biosensors and Bioelectronics*（IF=10.257）发表相关科技论文。全年发表科技论文 458 篇，其中 SCI 论文 145 篇，影响因子总和达 503.52，比 2019 年同期增长 49.79%。

2020 年，全院申请国家发明专利 165 件、实用新型专利 29 件，60 件发明专利获得授

Applied Catalysis B: Environmental

In-situ nitrogen-doped black TiO_2 with enhanced visible-light-driven photocatalytic inactivation of *Microcystis aeruginosa* cells: Synthesization, performance and mechanism

Li Zhou[a,b], Min Cai[a,b], Xu Zhang[a,b], Naxin Cui[a,b], Guifa Chen[a,b], Guo-yan Zou[a,b,*]

邹国燕研究员团队在 *Applied Catalysis B: Environmental* (IF= 16.683) 发表的论文

权，获实用新型专利 32 件，获外观设计专利 15 件；申请农业植物新品种权 70 件、授权品种权 19 件；获得软件著作权 40 件，获行业标准 10 个。通过国家登记、省市级审认定品种 56 个，其中国家登记品种 6 个、跨省审定 6 个、本市审定 10 个、认定 34 个。出版专著 3 部，主编（译）4 部，参编 8 部。

在国家奖申报方面，院基因中心罗利军团队的“水稻遗传资源的创制保护和研究利用”项目获国家科学技术进步奖一等奖（待颁奖）。此外，全院 5 项成果荣获 2020 年度上海市科学技术奖，其中一等奖 2 项、二等奖 2 项、三等奖 1 项。推荐 3 项成果申报 2020—2021 年度神农中华农业科技奖。

（3）科研条件

目前，全院拥有 28 个国家级和部级科技创新平台及成果转化平台，17 个市级科技平台。

（4）学科发展

围绕粮油作物种质创新与推广应用、园艺作物新品种选育与高效栽培、食用菌种质创制与产业化技术、畜禽健康养殖与疫病防控、生态农业与植物有害生物防控、农产品质量安全与保鲜加工技术、农业种质资源保存评价与创新利用、都市农业理论与数字农业技术、重要果树花卉种质创新与高效栽培、生物高效育种技术创新与应用等开展学科 (领域) 建设。根据上海都市现代农业发展新需求，积极推进新兴学科方向：健康农业、智能植物工厂、农产品保鲜贮运和创意农业等特色学科，围绕产业发展需求，凝练科研特色，为郊区农业现代化做好技术支撑。

2020 年度，在院科技创新支撑专项方面，按照全面绩效管理的要求，指导全院开展专项的申报，严格把关项目申报、预算编制、经费使用等关键环节，采用全程痕迹化管理。有序开展专项实施，实时把控总体进度。本年度专项共设置科技支撑项目 16 项、科技创新平台能力提升建设项目 10 项、创新团队建设项目 17 项（含优青项目 1 项）和国际交流合作创新项目 1 项，共计 4 个类别，44 个子项目，除受新冠肺炎疫情影响的国内外学术交流活动及出国培训的项目任务未完成外，其余工作均有序推进。

（5）对外合作交流

2020 年度，新增国际合作项目 8 项。10 月，联合国环境规划署在官网报道了院节水抗旱稻在非洲的推广工作，肯定了节水抗旱稻在当地粮食安全保障、温室气体减排等方面发挥的积极作用。分别与韩国国立江陵原州大学和越南农业科学院签署了国际科技合作协议。10 月，“中越农业科学国际联合实验室”正式获市科委立项。12 月，承办了“第 25 届全国农科院外事协作网会议暨全国农业科技‘走出去’联盟会议”，受新冠肺炎疫情防控形势影响，会议临时调整为网络会议，全国 51 家涉农单位，200 余人次参会。

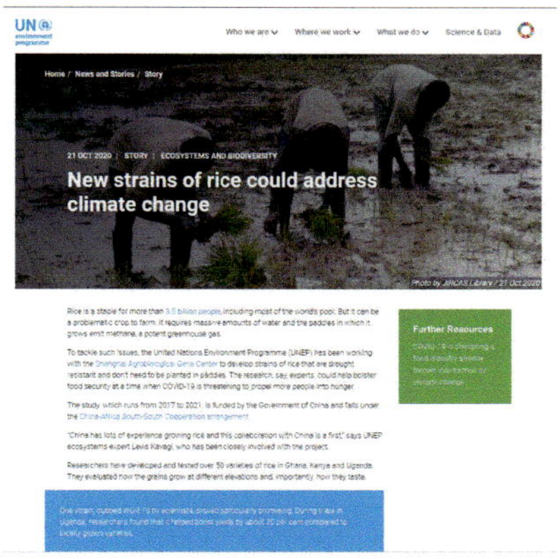

节水抗旱稻“旱优 73”

2020 年，院 CIMMYT– 中国特用玉米研究中心从 CIMMYT 引进优质、抗逆等玉米种质资源 600 余份，开展了“申科”“沪玉糯”“沪甜”等系列鲜食玉米新品种的高产高效制种、保优绿色生产技术研究与应用，在全国 20 多个省市推广种植 30 余万亩，同时在马来西亚、印度尼西亚、越南和坦桑尼亚等国家进行种植示范和国际测试评估，帮助“一带一路”沿线国家以及撒哈拉以南非洲国家的农民从种植“中国玉米”中受益。

（6）科技扶贫

2020 年，上海市农业科学院继续按照上海市对口支援省市尤其是青海果洛等“三区三州”重点地区扶贫攻坚要求和产业发展特点，找准技术需求，安排农业各专业领域专家着力农业先进品种，输送现代农业技术，开展食用菌、特色蔬果和畜牧养殖等 10 多项新品种新技术引进、示范、推广，并对当地人才定向培育等对口农业科技帮扶工作，发挥农业产业精准扶贫的科技帮扶作用。

（7）科技成果转化推广

2020 年度，上海市农业科学院主要聚焦大田作物品种、西甜瓜推广、食用菌固体饮料、花卉开发应用等 8 个项目开展科技成果转化推广工作。目前甜瓜“黄晶”已实现转让；食用菌固体饮料、朱顶红“红星”等均已基本形成成果。全年共签订成果转化项目 18 项，项目数比去年增长 29%；“三技合同”在高位继续保持良好增长态势，签订并登记“三技合同”246 项，比去年增长 16%。

围绕“三园工程”，通过集成展示、推广应用我院自主新品种、新技术、新模式，现代农业科技对乡村振兴的支撑引领作用逐步显现，唱响质量兴农、绿色兴农、品牌强农主旋律。截至目前，在郊区建立了 106 个科技引领示范基地、30 个科技引领示范村（镇）、61 个专家工作站，新增结对服务逾 120 家新型农业经营主体，助推成果转化科技兴农活动近 100 场次，开展各类培训近万人次，开展院区合作推广品种技术成果 118 项。

（十一）江苏省农业科学院

1. 机构发展情况

江苏省农业科学院是江苏省人民政府直属的综合性农业科研机构，截至 2020 年 12 月 30 日，共有 16 个研究所（中心），12 个农区所试验站，14 个管理服务部门。

2. 科研活动及成效情况

(1) 重大项目立项

2020 年，全院到账经费 4.36 亿元，其中专业所到账经费 2.89 亿元；新上项目 1 116 项，合同经费 4.18 亿元，其中专业所新上 654 项，合同经费 3.01 亿元。2020 年全院国家级项目立项 156 项，合同经费 1.21 亿元。新上国家重点研发计划政府间国际合作项目 2 项、课题 2 项 , 立项金额 1 631 万元；主持国家自然科学基金 44 项，立项金额 1 562 万元。

(2) 重大科研进展

序号	进展名称
1	基于基因编辑技术的水稻新种质创制研究
2	破解栽培草莓起源之争
3	溶杆菌活性代谢产物遗传调控及提取工艺研究
4	氧化还原介体调控厌氧发酵电子传递机制研究
5	废弃物基水热炭的研发及其农业环境效应研究系列进展
6	有机固废生物强化腐殖化及其偶联抗生素污染阻控技术研发
7	发现了分子互作中高效结合抗原表位残基结构，并指导获得 Cry 毒素抗体结合区替换高效杀虫材料
8	首次明确了富硒农产品存在伴生金属潜在危害及其对我国不同人群的效益 – 风险作用
9	微观孔隙结构介导的果蔬营养物质释放取得重大进展
10	肉品肌内磷脂及肌原纤维的降解机制研究取得重要进展

(3) 科研条件与平台

江苏省农业科学院牧草种质资源库、薄壳山核桃种质资源库 2 个省级林草种质资源库获得认定，江苏省农业数据智能工程研究中心获得立项建设，江苏省薄壳山核桃育种与培育长期科研基地获得立项，全国生态环保优质农业投入品评价技术机构获批设立。完成江苏省重点实验室评估工作，1 个重点实验室获评优秀，2 个重点实验室获评良好。

(4) 学科发展

经过 5 年的学科建设，厘清了研究室为基础的学科轮廓，有效支撑了全院科技创新可持续发展。在学科建设取得成效的基础上，为进一步强化优势学科领域发展，2020 年，科学院启动创新团队建设工作，探索“特区式”创新团队和创新人才管理模式，在人才培养、团队建设、成果产出、平台建设、项目支持、党的建设等方面，定制“六位一体”政策套餐，实现对创新团队的“精准滴灌”。经过申报遴选，确定了“水稻虫害防控研究创新团队”等 10 个四星团队创培对象，在全院总结了一批团队建设的典型案例，推广了一批团队建设的典型范式，逐步建立了以科学家为主导的创新组织模式。

(5) 科技成果

获得江苏省科学技术奖 10 项，其中农产品加工研究所王道营团队“禽肉工业化加工共性关键技术及其产业应用”和农产品质量安全与营养研究所史建荣团队“小麦镰刀菌毒素污染风险形成机制及管控关键技术研究与应用”，2 项成果获得江苏省科学技术奖一等奖；卓创中心张保龙团队“抗黄萎病棉花种质创制与应用”、果树研究所马瑞娟团队“优质慢软型桃新品种选育与应用”、兽医研究所王芳团队“安全高效兔出血症病毒基因工程亚单位疫苗的创制与应用”，3 项成果获得江苏省科学技术奖二等奖；农产品加工研究所周剑忠团队“黑莓蓝莓等浆果生物加工与高值化利用关键技术创新与应用”、农业资源与环境研究所“设施瓜果类蔬菜土壤连作生物障碍微生态调控关键技术及应用”、兽医研究所温立斌团队“猪圆环病毒 2 型的演化及其生物学意义”以及江苏徐淮地区徐州农业科学研究所李强团队“高淀粉抗茎线虫病甘薯新品种选育与应用”、江苏里下河地区农业科学研究所徐健团队“控制病媒蚊虫的新型微生物制剂创制与应用”5 项成果获得江苏省科学技术奖三等奖。

获得江苏省农业技术推广奖 7 项，其中“水稻病虫害全程简约化防控技术集成与推广”获得一等奖，“家兔集约化高效养殖关键技术集成与推广”“优质加工型洋葱产业化关键技术集成与推广”获得二等奖。

(6) 对外合作交流

2020 年，在国际关系深刻演变和国内外新冠肺炎疫情形势持续变化的背景下，积极探索拓展国际合作关系的新模式和新路径。以“协同创新，开放合作”为主题，举办对外合作嘉年华活动，全方位、多角度、立体化地展示“十三五”期间我院对外合作取得的成效；与 FAO（联合国粮食及农业组织）签署合作谅解备忘录，正式确立合作伙伴关系；积极对接世界粮食计划署（WFP），推荐了4位专家入选WFP南南合作知识共享平台专家；深入推进“一带一路”合作，与马达加斯加驻华大使馆、马达加斯加隆德农业有限责任公司签署三方合作谅解备忘录；争取各类国际合作项目，国家留学基金录取率达100%，组织申报科技部外专局出国（境）培训项目7项、科技部外国专家项目4项、省政策引导类计划（引进外国人才专项）项目4项（立项1项）、亚洲合作资金涉农项目3项（立项1项）、中德农业青年人才候选人项目2项以及院引智项目21项。

(7) 科技扶贫

科技支撑乡村振兴和脱贫攻坚成效显著。2020年启动江苏省农业科学院亚夫科技服务体系建设，实施亚夫科技服务项目31项，涵盖优质稻米、生猪养殖、绿色瓜菜、经济林果、特粮特经、健康畜禽、休闲农业等。在射阳、涟水、盱眙、沭阳、东海、靖江、通州、海门、句容、常熟等19个县区市挂牌成立亚夫科技服务工作站22个；组建了一支95名具有“一懂两爱”情怀、服务能力强的亚夫科技特派员队伍，扎根生产一线，开展科技服务，在全省初步形成一个公益性亚夫科技服务脉络体系。

新冠肺炎疫情期间有力保障农业科技有效供给。集聚全院科技与人才资源，组建223名专家的亚夫科技服务团，实施“亚夫全省行”科技行动，组织各领域专家深入田间地头，开展线上线下服务，指导农业生产。贯彻江苏省委省政府全面夺取秋粮丰收的要求，开展水稻生产指导，保粮食安全。驰援黄石抗疫，捐赠江苏医疗队万斤“苏农科”农科院大米，为抗疫一线的白衣战士送去浓浓家乡味道，表达我院科研人员的暖心支持。受到《新华日报》、江苏卫视等多家媒体的关注与报道。

贯彻落实长三角一体化战略，在南京、杭州、上海等地开展农创项目路演和展示活动，助力长三角乡村振兴一体化发展。指导“五方挂钩”帮扶县区脱贫攻坚和农业农村高质量发展，对口帮扶新疆伊犁、克州等西部地区，促进帮扶地区现代农业发展和乡村振兴建设。

(8) 科技成果转化

高价值成果培育和转化取得新突破。科学规划兽医学科知识产权转化运用，“鸡滑液囊支原体灭活疫苗”转化合同总额达1 140万元、“鸭甲型肝炎活疫苗”转化合同额达1 080万元。研究分析无性繁殖品种市场侵权情况，通过法律程序保护无性繁殖品种知识产权，梨新品种“苏翠1号”与北京北方丰达种业有限公司成功达成转让协议，为今后无性繁殖品种转让、市场维权开辟了新的路径。成果转让国际化取得新突破，鸭甲型肝炎病毒二价活疫苗与德国勃林格公司签订开发协议，合同金额1 500万元加提成。技术入股有效收益取得突破，江苏省农业科学院技术入股的嘉华鲜食玉米产业研究院，成功选育优质糯玉米新品种“苏科糯1701”“苏科糯1704”，许可签约江西省赣新种子有限公司。

遵从科技规律，推进产业研究院评估与建设。2020 年新审批产业研究院 18 家，其中完成签约挂牌 14 家。截至 2020 年底，共挂牌成立产业研究院 55 家，涉及果树、蔬菜、水稻、畜牧、农业智能装备等领域，从品种、技术、加工、标准到三产融合等开展全产业链科技支撑。以“以评促建、以评促管”为目的，对 33 家研究院开展建设、运行情况评估，推进产业研究院分类有序发展。

举办“科创赋能，国农链 +”农业科技成果路演，组织长三角农科院开展农业“嘉”速期特色成果推介，通过多元化的农业科技成果展示，不断提升成果转化水平。

在国家、省各类农技推广项目支持下，组织各类专家驻点开展新品种新技术新模式示范推广 550 次、1 346 天，开展新型职业农民、农技能手和乡土人才培训 95 场，技术指导受益人数达 10 219 人次，显著提升了射阳大米、阜宁黑猪、响水西蓝花、泗阳桃、盱眙稻虾等 13 个特色农产品品牌的竞争力和影响力，为江苏农业农村高质量发展注入了科技动能。

培养方案。制定编外科技人员聘用管理办法，23 名编外科技人员受聘入职。新增国务院政府特殊津贴专家 4 人、安徽省政府特殊津贴专家 1 人。56 人获得职称晋升、49 人获得岗位晋级。引进博士 20 人、招聘硕士 29 人；3 名优秀博士进入院博士后科研工作站。举办新进人员培训班。“优质水稻智能化产业创新技术团队”和“大豆分子育种及产业化创新团队”入选第十三批省“115 产业创新团队”。遴选培养 5 支具有国内先进、11 支省内领先水平的团队。

平台建设实现突破。凌家湖综合试验场建设取得重大进展，凌家湖片区围墙、环场机耕道路工程已经竣工，十八岗片区围墙、环场道路工程正在建设；积极稳妥处理了一批土地纠纷，成功办理 6 169.39 亩国有土地使用权证。生物综合实验楼开工建设，已完成土方工程。院海南南繁基地土地经营权移交我院，并开始使用。岗集生态试验示范基地功能得到优化调整；皖北研究院投入运行。DUS 测试中心通过验收。获批建设安徽省食品微生物发酵与功能应用工程实验室。新建院重点实验室 4 个、长期定位观测站和示范基地各 2 个。农业农村部农药登记大田药效试验资质通过复审。农产品加工中试基地正式运行。安徽省农业微生物省级菌种保藏管理中心、安徽省植物病原及生防微生物省级资源库、安徽省木腐类食药用菌省级资源库获批建设。

合作交流取得实效。开展科技合作交流推进年活动。获批建设省园艺作物种质创新与应用示范型国际科技合作基地，与国际应用生物科学中心北京代表处合作共建安徽省 -CABI 农业有害生物防控联合实验室。深化长三角区域合作，与沪苏浙农科院共建长三角西甜瓜、鲜食玉米、食药用菌等产业技术创新联盟和长三角农业科技创新国际合作联盟。与省农垦集团、江海集团、荃银高科等龙头企业在农作物、畜牧、园艺、食品加工等方面开展产学研合作，促进科技链与产业链深度融合。安徽省农业科技创新联盟牵头成立省小麦全产业链融合体，助推小麦全产业链建设，促进小麦品种结构优化和三产融合；顺利通过国家农业科技创新联盟第三方评估。制定《安徽省市农科院（所）协同发展行动方案》，举办省市农科院（所）协同发展年会，着力构建全省农业科技创新体系。

“乌塌菜优质多样化种质资源创制及系列品种选育”获 2020 年度安徽省科学技术进步奖一等奖

国审水稻品种两优 5077 大田表现

（2）科技服务成效显著

有力支撑粮食和重要农产品安全。围绕“六稳”“六保”要求，积极开展优质、高产、抗病、抗逆作物品种选育，大力实施小麦、水稻、玉米三大主粮作物绿色丰产高效技术模式攻关，水稻“一种两收”绿色丰产增效技术模式水稻亩产累计达 1 031.2 kg，创造了长江中下游地区的再生稻高产新纪录；玉米杂交品种“庐玉 9105”实收亩产 986.4 kg，再获高产佳绩；配套优质高效技术助力皖北小麦实收亩产 824.7 kg，再次刷新全省小麦单产纪录。推广化肥减施增效、病虫害绿色防控、农业面源污染综合防治技术 1 500 余万亩，全力保障粮食安全。服务畜牧、水产健康养殖，推广畜禽无抗健康养殖 2 000 万只（头）、稻渔综合种养新技术 200 万亩。推广果菜茶药棉桑等新品种 50 多个、配套技术 50 余项，示范应用 1 500 余万亩。

隆重召开建院 60 周年总结表彰大会

大力服务政府重大科技需求。聚焦全省农业发展重大问题，组织专家团队深入阜阳、亳州、淮北等小麦主产区，加强小麦赤霉病防控和产品应用技术培训，为 2020 年全省小麦赤霉病有效防控做出了贡献；开展草地贪夜蛾防控研究，筛选出高效防治药剂、种衣剂及诱芯，综合防效显著；对全省主产区水稻品质、土壤、灌溉水进行安全性检测；积极开展秸秆还田及综合利用研究；为全省各地提供非洲猪瘟病原检测和监测 816 场（次），检测样品数 24 722 份，帮助制订安徽省山区特色生态猪产业复产技术方案，促进生猪恢复生产。及时向省政府提交 12 份专题报告，为省政府相关决策提供科学参考。组建安徽省作物种质资源研究中心，开展第三次农作物种质资源普查和收集工作，共收集种质资源 1 700 余份。积极参加 2020 中国安徽名优农产品暨农业产业化交易会，集中展示、宣传和推介新成果、新技术和优质新产品 1 000 多个。圆满完成“四送一服”双千工程服务任务，工作成效获全省“优秀”等次。

及时开展科技救灾减灾。建立农业灾害应急处置技术服务机制，在疫情防控和春耕备耕的关键时期，开展“线上科技服务 + 线下实地指导”双线服务，制定、发布各类生产技术指导意见 22 件，为龙头企业、新型经营主体提供技术服务 450 余次。针对百年一遇的洪涝灾害，及时组建 27 支服务团队，数百名专家深入灾区开展技术指导和服务，发布抗灾救灾技术措施 59 项，向省政府报

开展“精准扶贫专家下基层”现场技术服务

送《关于当前粮食作物科技救灾工作建议的报告》，出色完成“四启动一建设”“精准扶贫专家下基层”任务，广大科技人员以硬实力支撑灾后农业生产恢复重建。

（3）脱贫攻坚任务圆满完成

全面完成对口帮扶村脱贫任务。全年共投入项目资金 145 万元，进一步加强桃铺村特色农业产业园建设，支持山羊育肥养殖、特色肉鸡养殖等项目。积极落实消费扶贫，定向采购桃铺村农副产品合计 11 万元。组织 222 人次开展入户走访活动 59 场次，送去慰问金 9.76 万元。集中力量帮助剩余的 3 户 5 人脱贫，全村贫困发生率降至零，如期实现全村脱贫摘帽的目标。村集体年纯收入增至 55.4 万元，位列徐桥镇榜首。

深入实施科技扶贫升级计划。在大别山革命老区、皖北地区和沿淮行蓄洪区等贫困地区，对口帮扶 30 个建档立卡贫困村完成脱贫任务。院六安果树产业发展研究中心积极服务六安“江淮果岭”建设，带动区域农户实现年人均增收 1 500 元。院岳西特色农业研究所帮助岳西县发展蚕桑业、茶产业、特色水果产业、山区蔬菜产业，助推当地传统产业转型升级。院黟县黑色食品发展研究中心全力支持黑色食品产业发展，指导经营主体建设黑糯玉米和黑鸡生产加工基地、香榧资源圃、生态黑毛猪养殖示范场，联合黟县政府举办“2020 中国黑色食品产业发展黟县峰会”，促进县域特色经济发展。组织专家团队深入西藏山南地区服务高原蔬菜产业和畜牧业发展。

扎实推进乡村产业振兴。全年共投入各类资金 800 余万元，助力 40 个乡村振兴示范村建设，服务 235 个农业专业合作社、家庭农场、农业产业化龙头企业等新型农业经营主体。帮助新型农业经营主体获得“三品一标”认证 14 个，创建区域特色品牌 11 个，带动示范村主导产业显著增效。积极参加长三角乡村振兴农业科技联合服务团活动，成功举办“长三角农业科技成果路演暨安徽省第十一届瓜菜新品种新技术观摩会”，推介果蔬新品种新技术 30 多个（项）。

组织召开 2020 年度安徽省市农科院（所）协同发展年会

（十四）福建省农业科学院

2020 年，福建省农业科学院坚持以习近平新时代中国特色社会主义思想为指导，按照“四个面向”要求，认真贯彻落实省委、省政府一系列决策部署，统筹推进新冠肺炎疫情防控和创新服务，各项工作取得显著进展。建院 60 周年前夕，时任省委书记于伟国和省委常委、秘书长郑新聪、副省长崔永辉等省领导来我院调研，袁隆平院士专程发来了贺信，给全院科技人员以极大鼓舞。11 月 9 日，崔永辉副省长出席建院 60 周年庆祝大会并讲话，对全院工作提出了新的要求。

11 月 9 日，建院 60 周年庆祝大会召开，崔永辉副省长等出席

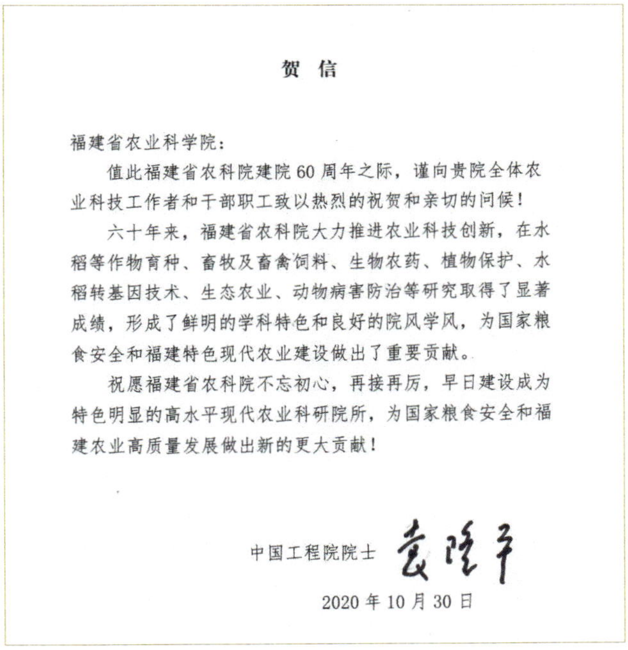

贺 信

福建省农业科学院：

值此福建省农科院建院 60 周年之际，谨向贵院全体农业科技工作者和干部职工致以热烈的祝贺和亲切的问候！

六十年来，福建省农科院大力推进农业科技创新，在水稻等作物育种、畜牧及畜禽饲料、生物农药、植物保护、水稻转基因技术、生态农业、动物病害防治等研究取得了显著成绩，形成了鲜明的学科特色和良好的院风学风，为国家粮食安全和福建特色现代农业建设做出了重要贡献。

祝愿福建省农科院不忘初心，再接再厉，早日建设成为特色明显的高水平现代农业科研院所，为国家粮食安全和福建农业高质量发展做出新的更大贡献！

中国工程院院士 袁隆平

2020 年 10 月 30 日

10 月 30 日，袁隆平院士就我院建院 60 周年发来贺信

1. 科技创新取得新突破

坚持把“四个面向”作为创新主攻方向，着力推进重点领域创新攻关，取得较好进展。一是科研立项和成果产出方面。新增省级及以上科研项目 654 项，经费 1.4 亿元。植物学与动物学学科进入 ESI 全球排名前 1%。获得福建省科学技术进步奖 11 项，其中一等奖 1 项。获得授权专利 251 项，11 个行业或地方标准获准发布，《生鲜银耳包装、贮存与冷链运输技术规范》是首个生鲜食用菌冷链物流领域获得立项的国家标准。二是现代种业创新方面。完成了第三次全国农作物种质资源普查与收集行动，新收集农作物种质资源 1 630 份，山药品种“屏南棒桩薯”入选 2019 年全国种质资源普查与收集取得的十大重要成果。育成新品种 64 个，其中 18 个通过国家新品种审定（登记），38 个通过省级品种审（认）定。公布首个中国李基因组，为李

10月14日，陈永共书记、翁启勇院长带队到中国农业科学院与张合成书记等对接“5511”协同创新工程

遗传改良和新品种培育提供方向。三是绿色生态技术创新方面。“番鸭细小病毒病、小鹅瘟二联活疫苗”填补了国内外空白，是新中国成立以来我省连续获得的第四个国家一类新兽药证书。冬马铃薯化学肥料与农药减施高效栽培技术成效明显，减施化学肥料25%～25.93%、化学农药30%～33%，并实现产量增加。重大入侵害虫草地贪夜蛾监测与防控进展显著，研发出1套智能化自动监测装备和3项关键防控技术，综合防效93%以上，农药减量30%以上。四是三产融合技术创新方面。完成“福建省科技特派员服务云平台”建设并投入运行，为全省科技特派员在线服务提供支撑。开展海鲜菇保质防腐、低油食用菌脆片、竹荪抱虾滑等农产品加工关键技术研发。完成了7类农产品质量安全风险评估，覆盖全省55个县（市、区），应用于全省农产品质量安全监管决策。五是对外科技合作方面。与中国农业科学院谋划实施农业高质量发展超越协同创新“5511”工程。与中国农业科学院植物保护研究所、哈尔滨兽医研究所和江苏、新疆等兄弟省农科院签订科技合作协议。加入科技部“国际杰青计划”，入驻国际杰出青年招聘平台。新成立了4个省产业技术创新专业联盟。

2. 服务“三农”取得新成效

坚持把十大千亿产业作为服务“三农”重点，探索建立科技创新与技术服务、成果转化的联接机制，着力支撑产业振兴和脱贫攻坚。一是全力支撑特色产业发展。全年组织实施22个全产业链科技示范项目，重点服务30个农业重点县，对接服务585家企业、合作社和家庭农场等经营主体，推广新品种新技术500多项，培训2.8万人次，新增经济效益11亿多元。二是有力服务全省脱贫攻坚。实施科技扶贫项目189个，建立示范基地（点、片）94个，推广新品种、新技术262项，带动农民增收1 126万元。深化闽宁、闽疆、闽藏农业对口帮扶，扎实抓好科技助力固原“四个一”工程工作，对接服务企业、合作社、示范基地20家，输出品种

9月26日，三华田园综合体产业研究院在福清市挂牌成立

技术 73 个。1 个单位被省人力资源和社会保障厅、扶贫办公室授予脱贫攻坚集体嘉奖奖励，3 人被授予脱贫攻坚记功或嘉奖奖励。三是大力建设农业产业研究院。与农业龙头企业共建 12 家产业研究院，围绕产业重大共性技术瓶颈问题和企业技术需求，启动 20 个攻关项目。同时，与设区市政府共建 2 家省农科院区域分院。四是积极深化科技特派员工作。选派科技特派员 367 人，组建 16 个法人科技特派员、87 个团队科技特派员，服务 59 个县（市、区）。在宁夏设立 4 个科技特派员专家服务团队，被认定为福建省团队科技特派员。建立延平、光泽、明溪 3 个科特派集团服务试验示范区，1 人被省委农村工作领导小组办公室授予“优秀科技特派员”称号。

3. 条件平台获得新改善

积极争取国家、省有关部门支持，加强科技创新平台等基础条件建设，全院创新条件进一步改善。一是平台申报取得进展。新增国家福建省作物有害生物绿色防控工程研究中心等 3 个省级以上平台。1 个联合实验室入选省“一带一路”对外合作科技创新平台。畜禽疫病防控技术平台入选福建省产业技术创新重大研发平台。农业质量标准与检测技术研究所获批国家农业标准化区域服务与推广平台等 3 个国家级检测服务资质，并被认定为省级技术转移机构。数字农业研究所、果树研究所科普教育基地入选 2020 年福建省优秀科普教育基地。二是平台运行更加高效。农业农村部华南杂交水稻种质创新与分子育种重点实验室在农业农村部 2016—2020 年综合评估中评为优秀。福建省作物有害生物监测与治理等 2 个省重点实验室被评为优秀。2 个省重点实验室、2 个农业基本建设项目、1 个省级工程研究中心通过验收。院大型科研仪器设备共享服务平台投入运行使用。农业生态研究所试验基地入选第一批国家 30 个草品种区域试验站。《福建农业学报》第四次入选“RCCSE 中国核心学术期刊”。三是基础条件持续改善。埔垱科研综合实验中心大楼和闽南分院科研综合楼建成并入驻，有效改善了职工科研办公条件，建瓯基地（闽北分院）建设取得积极进展。

9 月底，3.4 万 m^2 的埔垱科研综合中心大楼建成并投入使用

4. 院所治理得到新加强

7 月 30 日，新入选国家百千万人才工程的魏辉研究员（右一）在茶园开展害虫诱杀防控试验

在扎实做好新冠肺炎疫情防控工作的同时，针对省委巡视和 2019 年度主体责任检查发现的问题及薄弱环节，不断完善院所制度建设，有效提升了院所治理水平和治理效能。一是加强人才引进与培养。招聘入职博士 13 名，7 人被确定为省引进人才。柔性引进高层次人才 9 名。18 人入选院第五批“青年科技英才百人计划”。4 人获得国家留学基金管理委员会项目资助，27 人赴国内外重点院校访学研修。年度新晋升职称 39 人。魏辉研究员入选国家百千万人才工程，陈勇、张玉树入选省“雏鹰计划”青年拔尖人才人选，郑少泉、苏海兰入选福建省“最美科技工作者”。二是加强制度体系建设。制定、修订《横向科技项目管理办法》等 37 项制度。严格落实国家、省关于人才评价政策，修订涉及“唯论文”“唯 SCI”有关条款，更加注重对科研产出、实绩和贡献的评价。深入学习中共十九届五中全会精神，科学谋划院所两级“十四五”规划。三是加强精神文明建设。院部机关、植物保护研究所、水稻研究所获得福建省第十四届省级文明单位公示。12 个研究所积极争创省级文明单位或省直文明单位。数字农业研究所“党建五级联创，助力光泽县发展生态稻渔脱贫产业”案例获全省机关体制机制创新优秀案例二等奖。院团委被省直团工委评为省直机关五四红旗团委。四是举办建院 60 周年系列活动。11 月 9 日，举办了庆祝大会暨“科技创新推动福建农业高质量发展超越”论坛，卢耀如院士、谢华安院士和梅旭荣研究员等做学术报告。建院 60 周年期间，评选表彰了 60 位建院 60 周年“农业科技先进工作者”，改建了院展览馆，完成了宣传片拍摄和画册编印，开展了 13 场学术活动和 15 场“科技开放日”活动。

（十五）江西省农业科学院

1. 机构发展情况

（1）机构历史沿革

江西省农业科学院成立于 1934 年 , 是全国较早设立集科研、教育、推广三位一体的省级农业科研机构。1934 年，被命名为江西省农业院。新中国成立后，在党和政府的重视下，江西省农业科研机构不断发展、壮大，先是在 1948 年成立了江西省农林试验总场，并于 1950 年改名为江西省农业科学研究所，后根据现代农业发展的需要，于 1975 年组建了江西省农业科学院，而后沿用至今。该院成为推进江西省农业科技发展的重要机构。

（2）机构设置及人才结构

机构设置。设有 7 个处（室）、1 个中心、1 个附属机构，包括：党委（行政）办公室、组织人事处、科技管理处、计划财务处、成果转化处、科技合作处、保卫处、基地管理中心和附属机构。下属 13 个研究所、2 个研究中心，包括：水稻研究所、土壤肥料与资源环境研究所、作物研究所、园艺研究所、畜牧兽医研究所、植物保护研究所、农产品质量安全与标准研究所、农产品加工研究所、蔬菜花卉研究所、农业应用微生物研究所、农业经济与信息研究所、农业工程研究所、原子能农业应用研究所、江西省超级水稻研究发展中心、江西省绿色农业中心。

人才结构。至 2020 年末，全院在职职工 752 人，高级专业技术职称 282 人；博士 136 人、硕士 216 人；中国工程院院士 1 人，享受国务院政府特殊津贴专家 39 人、享受省政府特殊津贴专家 14 人，全国杰出专业技术人才 1 人，中共中央组织部第二批“万人计划”青年拔尖人才 1 人，农业农村部农业科研杰出人才 1 人，农业农村部杰出青年农业科学家 2 人，赣鄱英才“555 工程”13 人，国家百千万人才工程人选 34 人，省“双千计划”人才 6 人；国家现代农业产业技术体系岗位科学家 3 人、试验站站长 14 人，江西省现代农业产业技术体系首席专家 7 人、岗位专家 31 人、试验站站长 6 人；农业农村部农业科研创新团队 1 个，省级优势科技创新团队 5 个；省级学科带头人 11 人。

2. 科研活动及成效情况

（1）科研课题

2020 年度，全院新上项目 142 项，其中，国家自然科学基金立项 12 项，科技部项目 1

项，农业农村部项目 10 项，省级计划类项目 53 项，省级产业体系岗位专家 5 个。全年到位科研经费 9 676 万元。

（2）重要的科研进展

长江中下游东部双季稻区生产能力提升与肥药精准施用丰产增效关键技术研究与模式构建。“十三五”国家重点研发计划项目“长江中下游东部双季稻区生产能力提升与肥药精准施用丰产增效关键技术研究与模式构建”2020 年度主要工作进展：继续开展红黄壤稻田质量次生障碍因素、红黄壤丘陵区水稻再生两熟高产机理及调控技术、双季稻肥料高效利用与精准施用技术、双季稻病虫草害精准防控技术和红黄壤丘陵区双季稻农机农艺融合关键技术 5 个课题的研究，优化关键技术指标，进行示范推广，完成考核任务内容，完成年度目标，发表论文 41 篇，其中 SCI 论文 17 篇。发明授权 5 项，申请 2 项，实用新型授权 2 项；地方标准发布 3 项，立项 1 项；获省部级奖励 1 项，物化产品 3 项，发布软件著作权 2 项。

江西双季稻区绿色规模化丰产增效技术集成与示范。“十三五”国家重点研发计划项目“江西双季稻区绿色规模化丰产增效技术集成与示范”2020 年度主要研究进展：熟化集成了技术模式 11 套；2020 年技术模式示范应用 167.05 万亩，示范区平均亩产 1 023.32 kg/亩，较项目实施前 3 年增产 7.77%；辐射推广 1 632.3 万亩，辐射区平均亩产 887.5kg/ 亩，较项目实施前 3 年平均产量增产 4.7%；项目区累计增产稻谷 66.97 万 t，增收 16.7 亿元。研发了双季稻栽培技术信息化服务平台的 Web 端平台“水稻专题知识库（http://ia.jxaas.com/Rice）”，建设了微信公众号“粮丰工程”，开发了手机 App“江西省基层农技推广信息化服务平台”。建立了以江西省科技特派员为主体的农业科技服务体系。立项地方标准 5 项，颁布地方标准 4 项，申请专利 2 项，发表论文 10 篇，出版论著 2 部，再生稻机械化生产技术、稻鸭共育绿色防控技术、早籼晚粳高质高效栽培技术 3 项技术模式纳入省主推技术。

（3）科研条件

截至 2020 年，全院拥有国家级科研平台 2 个，分别为国家红壤改良工程技术研究中心、水稻国家工程实验室；省部级科研平台 21 个，其中省部级重点实验室 6 个，工程（技术）研究中心 3 个，科学观测实验站 5 个。

江西省农业科学院建有 4 个科研试验基地，即海南南繁基地 200 亩、东乡基地 210 亩、鄱阳湖生态经济区现代农业科技创新示范基地 5 980 亩、院本部基地（含横岗基地）占地 1 500 亩。

（4）科技成果

2020 年，全院科研成果获各类科技奖励 15 项，包括省部级奖 11 项。其中，由我院作为主持单位完成的“主要畜禽产品质量安全控制评价关键技术标准研制及集成创新”“基于生物多样性的水稻主要病虫害生态防控技术研发与应用”2 项成果获得江西省科学技术进步奖一等奖，由江西省农业科学院作为主持单位完成的“红壤旱地芝麻绿色轻简高效栽培关键技术创新与应用”“小菜蛾抗药性治理关键技术研究与集成应用”“玉山黑猪高效安全生产关键技术应用示范”3 项成果获得江西省科学技术进步奖三等奖；由我院作为主持单位完成的“履带电动谷物收集机的研究和推广”成果获得 2016—2018 年度全国农牧渔业丰收奖三等奖。

获得授权专利 51 件，其中发明专利 33 件，实用新型专利 18 件，软件著作权 6 件。审定 (认定) 植物新品种 22 个。制定 7 个地方标准、1 个行业标准、1 个国家标准。发表科技论文 235 篇，其中 SCI 37 篇。

（5）学科发展

江西省农业科学院设有作物学、园艺学、畜禽水产学、农业资源与环境学、农业应用微生物、农产品加工、农产品质量安全、农业工程、农业经济与信息九大学科。

（6）对外合作交流

2020 年，江西省农业科学院因公出访计划受新冠肺炎疫情影响基本取消，“中菲水稻技术联合实验室”建设顺利，该项目已按计划完成在菲律宾合作试验基地建设，完成了中型拖拉机 1 台、旋耕机 1 台、直播机 2 台（手扶拖拉机带动）、小型汽油耘田除草机 2 台等设备购置（中国制造）；在菲律宾中吕宋国立大学开展了我院 8 个三系杂交稻组合、3 个优质常规稻旱季常规种植优比试验及雨季有机种植试种示范。

（7）科技扶贫和科技成果转化推广情况

2020 年，全院挑选 227 名专家担任省级科技特派员，组成省内派出人数最多、专业最全、服务区域最广的科技特派员队伍，形成 78 个省级科技特派团（59 名专家担任省级科技特派团团长），对接全省 87 个县（市、区）和 141 家企业，与省内企业签订三方协议 189 份，组织专家 615 人次，开展产业技术服务活动 276 次。2020 年承担全省旱稻、农业机械、西甜瓜、食用菌等产业技术升级培训 4 个，省科技特派团团长培训 1 个。2020 年开展江西省富民强县工程优质稻、地方猪产业培训班、科技特派员创新创业培训班等相关培训 11 期，采用现场授课 + 在线直播形式开展，培养培训龙头企业人员、农技骨干、种养大户 4 440 人次；与同方知网（北京）技术有限公司合作，开设“科技直通服务产业篇”，组织专家开展知农云课堂线上直播，累计线上培训农民达 15 391 人次；院科技特派员深入农业生产一线和企业开展科技培训 45 次，培训农民 2 738 人次。

2020 年江西省农业科学院共有 7 项科技成果获得江西省科学技术奖励

首届科技成果“开放日”活动

水稻品种“泰优明月丝苗”被评为 2020 年度江西省优质稻展示会十大新优品种并获第二届江西省优质稻品种食味品鉴十大金奖品种

（十六）山东省农业科学院

1. 机构发展情况

与 2019 年相比，2020 年，山东省农农业科学院的机构无变化。

2. 科研活动及成效情况

（1）科研项目经费

全院新上项目 600 余项，立项经费 4.6 亿元（含院创新工程省财政资金 9 000 万元）。主持国家重点研发计划 1 项、课题 2 项，总经费 3 700 余万元；主持国家自然科学基金 24 项，总经费 970 余万元；省基金立项 59 项，立项经费 770 万元；主持省农业良种工程项目 7 项，总经费 3 900 万元；主持省重大创新工程项目 4 项，总经费 5 500 余万元；主持“山东省科技特派员创新创业共同体”项目，总经费 5 000 万元。新增省现代农业产业技术体系生猪、果品 2 个创新团队首席专家，全院首席专家增至 12 位。

（2）学科发展与研究进展

组织完成了 2019 年度的绩效考评工作，扎实推进 2020 年度 86 个团队任务实施。遴选出 2021 年实施的“卡脖子”和关键技术、新兴交叉学科及中国农业科学院协同任务等 53 项，委托不同领域知名专家修编形成了《2021 年科研任务申报指南》。

（3）科技成果

全院共获得各级各类奖励 55 项，其中省部级以上奖励 13 项。主持获得山东省科技奖一等奖 1 项、二等奖 6 项；主持获得第三届山东省专利二等奖 1 项。获授权专利 352 项，其中

济薯 25

济薯 26

发明专利 166 项；获得软件著作权 211 件，获植物新品种权 36 个，通过审（认）定品种 23 个，通过登记品种 24 个；通过认定行业、地方标准 101 项；入选 2020 年山东省农业（畜牧业）主推技术 30 项；发表论文 945 篇，其中 SCI/EI 文章 207 篇，8 篇 SCI 论文影响因子超过 8.0；出版论著 27 部；《山东农业科学》《花生学报》入选“中国农林核心期刊”A 类。

（4）科研条件

全院新上重大科研创新平台 8 个，其中，农业农村部学科群重点实验室 1 个、国家林草局区试站 1 个、省技术创新中心 3 个、省工程实验室 3 个，争取中央资金近 2 000 万元。省动物生物安全Ⅲ级 (动物 P3) 实验室获国家发展改革委批复建设；省农业农村遥感应用中心获批立项，建设经费 4 500 万元；“重大迁飞害虫雷达预警与精准阻控平台”“山东省植物表型组学研究平台”已入省推动黄河流域生态保护与高质量发展项目库，并列入山东省“十四五”发展规划。

（5）科技成果转化与推广

组织院首届科技成果拍卖会，24 项成果全部拍出，拍卖价格 11 045 万元，溢价率达 103.38%，有 5 项成果成交价破千万元。实施“三个突破”战略，打造招远、费县、郓城 3 个示范县（市）。实施九大行动，推广新品种 40 余个，累计推广面积 3 000 多万亩；集成推广 10 套作物绿色增产增效技术（模式），打造高效示范点 15 个、创建万亩示范片 5 个；集中打造 38 处产业兴镇（村）示范点。立项“山东省科技特派员创新创业共同体”，选派 82 名科技人员长期进驻 3 个示范县（市）服务镇村。成立乡村人才学院。

（6）对外合作交流

入选国家及省市外国专家项目 9 项，立项经费近 2 000 万元。2 位海外专家分别入选科技部高端专家引进计划项目和“一带一路”创新人才交流外国专家项目。同时，创新引进海外科技人才模式，聘请 6 位国外院士担任我院“第一所长”。新建国际联合实验室 7 个、农业科技成果展示园区 3 个。山东省农业科学院玉米研究所培育的 4 个品种通过印度尼西亚国家品种审定，累计试验示范超过 10 万 hm^2。

（十七）河南省农业科学院

1. 机构发展情况

河南省农业科学院是河南省政府直属的综合性农业科研机构。现设有小麦研究所、粮食作物研究所、经济作物研究所、烟草研究所（许昌）、园艺研究所、植物营养与资源环境研究所、植物保护研究所、畜牧兽医研究所、农业经济与信息研究所、农业质量标准与检测技术研究所、农副产品加工研究中心、芝麻研究中心、动物免疫学重点实验室、河南省作物分子育种研究院、长垣分院 15 家直属科研机构、9 个内设处室、4 家院属企业。在新乡平原新区建设有占地 5 756 亩，功能齐全、国内一流、国际先进的河南现代农业研究开发基地。现有在编在岗职工 830 人、编外聘用科研助理 468 人，其中正高职称 131 人（研究员 130 人）、副高职称 282 人（副研究员 260 人），博士 306 人、硕士 185 人。

2. 科研活动及成效情况

（1）科学研究课题

2020 年，全院在研国家重点研发计划项目 5 项，国家自然科学基金 21 项，省级科技计划项目 54 项；新获批省重大科技专项 7 项，省重点研发与推广专项 60 项；新增中原科技创新领军人才 2 人，中原青年拔尖人才 1 人，省现代农业产业技术体系岗位专家 1 人；全年到账科研经费 1.93 亿元。

（2）重要研究进展

围绕农业高质量发展要求，积极调整优化学科布局，大力开展原始创新，科技创新能力持续提升，为保障国家粮食安全和推进农业供给侧结构性改革提供了有力科技支撑。2020 年，全院共获得省科学技术奖一等奖 2 项、二等奖 10 项、三等奖 3 项，二等奖以上获奖数量占我省农业领域获奖总数的 53%；通过省级以上审定（登记）农作物新品种 49 个，其中国审 13 个，河南省审 9 个，花生、油菜等 27 个品种完成登记工作；获授权植物新品种权 5 件，申请植物新品种权 8 件；获授权专利 82 件，其中发明专利 40 件、实用新型专利 42 件；申请专利 102 件，其中发明专利 62 件、实用新型专利 40 件；发表论文 322 篇，其中 SCI 收录 75 篇。

结合国家生物育种产业创新中心建设和院内科研机构调整进度，持续深化学科方向任务调整，优化创新力量布局，支持发展了油莎豆、中药材、大麦育种、农业废弃物资源化

武国定副省长、万建民院士、孙好勤副司长到国家生物育种产业创新中心调研指导

利用、牧草、香辛植物加工、真菌毒素控制 7 个新兴学科方向。由河南省农业科学院主持的国家重点研发计划项目“大豆及其替代作物产业链科技创新”启动实施，花生基因组学研究、小麦抗赤霉病研究等领域进展显著。花生分子育种研究取得重要进展，建立了花生基因组原位杂交技术和野生种 DNA 片段的分子标记鉴定技术；构建了目前世界上识别度最高的花生栽培种和野生种染色体核型指纹；首创了花生染色体区段和单染色体可视化技术；建立了花生高油高油酸等重要性状分子标记选择技术体系。建立了小麦抗赤霉病育种和养分利用特性育种技术体系，完善了小麦优质强筋弱筋选择技术体系。

（3）科研条件

新增省部级科研创新平台 7 个，其中农业农村部野外科学观测站 1 个，省工程技术研究中心 3 个，省产业技术创新战略联盟 3 个。中央引导地方科技发展专项获批立项 4 项，省科技基础条件专项资金项目获批立项 7 项，到账科研条件平台类项目经费 4 561 万元。新设立一批重大科研平台建设积极推进，为科技创新活动的深入开展提供了有力的平台支撑。

（4）科技成果

2020 年，全院获得河南省科学技术奖 15 项，其中一等奖 2 项、二等奖 10 项、三等奖 3 项。“猪繁殖与呼吸综合征病毒感染和免疫分子机制”获 2020 年河南省自然科学奖一等奖，该成果针对有效防控该病的瓶颈问题，通过揭示该病病原复杂的感染机制、高致病性病原的致病机制、宿主天然免疫逃逸机制，为防控该病提供了新的理论依据。“芝麻抗病优质遗传基础拓展与品种改良技术研究及应用”2020 年获河南省技术发明奖一等奖。针对芝麻育种瓶颈问题，系统开展了芝麻抗病优质遗传解析及品种改良研究。创制出育种急需的抗落粒等突破性优异新种质 18 份；发掘出一批重要性状相关基因位点；育成新品种 4 个，显著提升了芝麻品种的稳产性、专用性和机收适合性，推动了我国芝麻产业的快速发展。

（5）学科发展

由院牵头组建的国家生物育种产业创新中心 2018 年获得国家发展改革委正式批复以

来，在河南省委省政府的高度重视和大力支持下，组建了工作专班强力推进中心建设，成效显著。6 月 24 日，尹弘省长专程到中心调研并主持召开座谈会，对中心规划建设、管理运行、体制机制创新、人才引进等工作提出了明确要求，为中心发展进一步指明了方向；武国定副省长 3 次主持召开中心建设领导小组会议，协调推进项目建设工作。各股东单位 8.1 亿元注册资本金、国家发展改革委 3 亿元中央财政补助资金和省直相关部门支持资金 3 700 万元已落实到位，筹集资金合计 11.47 亿元。4 150 亩田间试验用地经国务院审批已征用到位并办理了不动产证，正在全力推进田间工程建设，基本完工；350 亩科研设施区域规划设计和一期建设内容已经确定，正在进行桩基施工。科研团队组建与科技研发工作有序开展，通过“双跨单聘”“两权分处”等创新举措，成立了作物分子育种研究院，全面开展小麦、花生、大豆育种研发工作；玉米首席育种专家招聘工作正在进行；全职引进世界领先种企荷兰瑞克斯旺集团前常务董事、德国区总经理 George Koch 博士，领衔组建蔬菜育种团队。自中心组建以来共有 21 个农作物新品种通过审定或登记，另有 228 个农作物新品系正在参加国家或省级区域试验。体制机制创新工作积极推进，成立了生物育种中心理事会和专家咨询委员会，为中心发展凝聚了支持合力。

（6）对外合作交流

落实国家“一带一路”倡议及“农业走出去”战略，做好新冠肺炎疫情防控常态化下的国际合作交流，积极拓展与国外农业科研机构在人才培养、项目实施等方面的合作。启动实施与荷兰瓦赫宁根大学的首批合作攻关项目协议，稳步推进博士研究生联合培养；认真落实与苏丹农业部的芝麻育种协议，持续开展芝麻育种和新品种试验示范工作；河南秋乐种业科技股份有限公司与乌拉圭基拉芬集团建立联系并达成绿豆、豇豆种子出口协议。

（7）科技扶贫和科技成果转化推广

2020 年，全院深入实施“四优四化”科技支撑行动计划，启动了新一轮院县共建现代农业科技综合示范县建设，打造了一批“三产融合”“三链同构”的精品科技示范样板，新品种、新成

2020 年郑麦 379 种植面积位居全省第一位

湖北省农业科学院农业科技高质量发展学术报告会

湖北省农业科学院党委书记刘晓洪和院长焦春海参观湖北省农业科技“五个一”行动院企深度合作企业

（4）学术交流

邀请中国工程院院士赵春江、李培武，农业农村部科技发展中心主任杨雄年等参加我院组织的农业科技高质量发展学术报告、领军人才报告会等学术报告活动。参加湘鄂赣农业科技创新联盟会议，6名科技人员获杰青称号。推荐了1名与我院合作的外籍专家获“湖北省编钟奖”。

（5）农业科技“五个一”行动

全年共实施154个重点项目，与345家企业开展合作，到46家企业开展走访服务，协助企业申报项目188项，到全省870个村开展科技培训1 700多期次，科技服务4.45万多人次。实施扶贫项目130个，帮扶建档立卡贫困户3 832户，新增培养农业科技精英112人，向基层企业选派11名“科技副总”，50名专家参加省“院士专家企业行”活动。“五个一”行动第三方综合评估为优秀，探索了“资源整合、力量下沉、产业融合、效益提升”科技服务的新路径。

（6）创新中心和创新联盟

健全创新中心管理机制，制定《湖北省农业科技创新中心管理办法》。强化创新团队人才队伍建设，遴选53个执行首席。围绕培育大成果，凝练和实施了7个重大项目，根据产业需求按照产业链布局创新链，组建跨学科多层次的协同攻关团队。

（7）乡村振兴

制定并实施湖北省乡村振兴农业科技引领示范村（镇）建设年度工作方案和管理考核暂行办法，有序推进53个示范村（镇）建设工作。做好科技支撑乡村振兴工作，承担10余项省市县（区）规划项目，编制的《黄州区叶路洲蔬菜产业园总体规划》获时任副省长万勇肯定，省重大调研课题成果《推进乡村振兴与脱贫攻坚有效衔接问题研究》获王建鸣、刘晓鸣等省领导批示。湖北省乡村振兴研究院组织实施9项重大调研课题，编辑出版《精准扶贫故事汇——科技助力脱贫攻坚战的荆楚实践》《虾稻优质高效绿色生产模式与技术》，4篇研究报告和咨询建议获省领导肯定或签批。

（8）科技成果转化

全年成果转化协议金额 7 093 万元，到账金额 5 059 万元。其中，粮食作物研究所“鄂中 6 号”独占品种经营权以 320 万元成功转让，刷新我院常规稻单品种转让经费最高纪录。“梨树‘双臂顺行式’新型棚架树形及其整形修剪技术”荣获 2020 年中国农业农村重大新技术。“化肥减量增效集成技术”等 3 项技术入选省农业主推技术。推广新品种、新技术、新模式 201 项，向 203 家企业提供科技服务，示范推广和科技服务面积 5 300 万亩。“云端”发布 10 余项农业生产管理技术，103 名农业技术服务专家线上服务，60 余名专家参与垄上频道、湖北之声节目录制和春耕第一课直播，收听观看量达 4 000 万次。参加“聚力脱贫攻坚、人大代表在行动”、全省“三下乡”、科技活动周等活动。先后与神农架林区、中国农业科学院（深圳）农业基因组研究所、华大基因公司等签订科技合作协议。依托专家大院开展成果转化项目 78 项，对接新型农业经营主体 110 家，建立农业科技示范基地 45 个，示范面积达 1 000 余万亩，发放技术手册、操作挂图等 16 万余册。成立湖北省农业科学院技术转移中心，试运行全国农业科技成果转移服务中心武汉分中心。

湖北省农业科学院果树茶叶研究所专家为农户现场授课“梨树‘双臂顺行式’新型棚架树形及其整形修剪技术”

（十九）湖南省农业科学院

1. 机构发展情况

湖南省农业科学院于 1964 年正式成立，隶属湖南省人民政府直管，正厅级公益一类农业科研事业单位。全院现设有院属科研单位 15 个、科研辅助机构 2 个、内设处室 12 个、直属机构 1 个。现有在职人员 1 323 人，有正高职称 153 人，副高职称 277 人；硕士以上学历 480 人（其中博士 141 人）。拥有中国工程院院士 1 人，国家“有突出贡献中青年专家”、国家百千万人才工程、国家“万人计划”科技创新领军人才 18 人，国家级、部级创新人才新团队 10 个（含科技部国家创新人才首批重点领域创新团队 3 个），享受国务院政府特殊津贴专家 71 人。建有国家科技部、国家发展改革委授权的国家级平台 6 个，其他省部级平台 72 个，博士后流动工作站 1 个，院士工作站 2 个。

2. 2020 年科研进展情况

（1）取得了一批科技奖励、知识产权和荣誉

2020 年，全院省级以上在研项目（课题）909 项。获得国家科学技术奖二等奖 1 项（已公告但未颁奖）；湖南省科学技术创新团队奖 1 项、湖南省科学技术进步奖一等奖 1 项、二等奖 2 项、三等奖 6 项；全国农牧渔业丰收奖二等奖 1 项。2 个水稻品种荣获第二届全国优质稻品种食味品质鉴评十大金奖。获得授权国家发明专利 61 项，实用新型专利 34 项，软件著作权 56 个，获植物新品种 4 个，审定国家级水稻品种 3 个、省级品种 22 个，认定、登记农作物品种 25 个。颁布国家行业标准 7 项。研究的优质稻“农香 32”“农香 42”获得第三届全国优质稻品种食味品质鉴评（籼稻）金奖。“农香 32”连续两届获得此殊荣。“玉针香”连续两届获得金奖后，为第三届对照品种。

2020 年，湖南省农业科学院柏连阳等获省科学技术创新团队奖

（2）科研创新取得新的重大突破

第三代杂交水稻大面积示范产量达到周年亩产 1 530.67 kg，创下了长江中下游双季稻周年产量的历史新高，实现了普通生态双季稻高产研究重大突破。耐盐碱水稻品种“超优千号”在含盐量为 2‰ ~6‰海滨示范，亩产达到 802 kg，保持了耐盐碱水稻种植技术全球领先地位。镉低积

累水稻研究 3 项技术以及“柑橘类黄酮生物合成技术”“主要蔬菜重要病毒病绿色防控关键技术”“甘蓝型油菜属种间杂交恢复系创制技术”等 10 项原创成果被农业农村部组织的专家评价为国际领先，其中“沼泽红假单胞菌菌剂”“嗜硫小红卵菌菌剂”两种蔬菜重要病毒绿色防控原创新产品填补了国际空白。

2020 年，湖南省农业科学院获省科学技术进步奖一等奖

（3）科技创新平台建设有新亮点

国家耐盐碱水稻技术创新中心方案通过科技部组织的专家论证。建成了“湖南省农作物种质资源库”，我院获得湖南省农业种质资源保护单位称号。新建了“农作物绿色生产与质量安全国家重点实验室湖南省国家重点实验室培育基地”“湖南省生物炼制工程技术研究中心”“湖南省智慧农业工程技术研究中心”等平台。“农业农村部耐盐碱水稻生物学和遗传育种重点实验室”“洞庭湖流域农业面源污染防治工程技术研究中心”“国家蕙兰种质资源库”等一批平台建设获得省政府批准。根据学科建设需要正式成立了湖南省农业装备研究所。“柑橘资源综合利用国家地方联合工程实验室”通过省“双创”创新平台 2019 年评估，荣获“优秀”等级。农业农村部长沙作物有害生物科学观测实验站在农业农村部作物有害生物综合治理学科群组织的“十三五”建设评估中获得总分第四、实验站排名第二。

（4）人才队伍建设取得新成绩

袁隆平院士被授予“首届中国生产力发展终身特别人物”称号，荣获“麦哲伦海峡奖”。1 人荣获中国工程院第十三届光华工程科技奖。1 人入选国家百千万人才工程，被授予“有突出贡献中青年专家”荣誉称号。1 人享受国务院政府特殊津贴；1 人被评为“湖南省先进工作者”；1 人被评为“全国青年岗位能手标兵”；13 人晋升研究员、25 人名晋升副高级职称。

（5）服务精准脱贫和乡村振兴成效显著

全力打好打赢精准脱贫攻坚战，我院帮扶工做作队被省委授予先进帮扶工作队称号。派出专家共 441 人组成 40 个专家团，服务全省特色产业新型经营主体 1 269 个，培训土专家 5.4 万人次。打造乡村振兴科技引领示范村镇 5 个。打造 100 亿农业特色科技兴农示范基地 8 个。指导编制市、县、园区等产业规划 20 个。先后与地方合作组建地方特色产业研究院 1 个，成立省农科院分院 2 家。加大成果示范推广力度，与广州市合作打造科技示范窗口，建设了“粤港澳大湾区中心”，和长洲“院士港”。 1 名同志评为“全国农产品质量安全与优质化业务技术优秀个人”；3 名同志被授予“全国科技助力精准扶贫工作先进个人”荣誉称号；2 名同志被评为湖南茶业创新发展杰出贡献人物；17 名同志被评为省优秀科技特派员。

（6）学术活动和学术交流频繁

承办 2020（长沙）国际稻作发展论坛、第三届全国优质稻品种食味品质鉴评暨国家水稻良种重大科研联合攻关推进会等全国性学术会议 7 场，与 20 多个国家开展了科技合作和学术交流。

（二十）广东省农业科学院

2020年，广东省农业科学院在省委、省政府的正确领导下，以习近平新时代中国特色社会主义思想为指导，全面贯彻党的十九大和十九届二中、三中、四中、五中全会精神，深入贯彻习近平总书记视察广东重要讲话、重要指示精神，全面推进科技创新、服务“三农”、人才队伍建设、深化改革等各项工作，深入推进实施乡村振兴战略的工作部署，科学谋划顶层设计，扎实推动工作落实，带动提升全省科技创新能力和产业支撑水平，为全省全面建成小康社会和深入实施乡村振兴战略贡献了力量。

1. 机构发展情况

2020年12月，广东省委机构编制委员会办公室发文同意，我院原农业科研试验示范场更名为设施农业研究所，农产品公共监测中心更名为农业质量标准与监测技术研究所，农业经济与农村发展研究所更名为农业经济与信息研究所，动物科学研究所加挂水产研究所牌子。目前全院设有水稻、果树、蔬菜、作物、植物保护、动物科学（水产）、蚕业与农产品加工、农业资源与环境、动物卫生、农业经济与信息、茶叶、环境园艺、设施农业、农业质量标准与监测技术14个研究所和农业生物基因研究中心共15个科研机构，并设有博士后科研工作站。

2. 科研活动及成效情况

（1）科技立项亮点纷呈

2020年，全院获立项科技项目1 300余项，合同经费近5亿元、同比增长7.61%。在省现代种业领域科研能力突显，牵头申报的9项省重点领域研发计划“现代种业”重大专项全部获得立项。基础与应用基础研究能力稳步提升，获国家自然科学基金项目28项、省自然科学基金项目46项、国际科技合作项目立项19项。横向项目继续保持增长势头，立项700余项，经费近1.5亿元、同比增长26%。

（2）科技成果产出量质齐升

全年获各类科技奖励86项，其中省部级以上奖励64项，主持获得国家科学技术进步奖二等奖1项、省科学技术奖一等奖2项，首次获得广东省科学技术合作奖1项。院蚕业与农产品加工研究所张名位研究员主持的“营养健康导向的亚热带果蔬设计加工关键技术及产业

全省科学技术奖励大会

化”获国家科学技术进步奖二等奖，院水稻研究所江奕君研究员主持的“华南优质常规超级稻新品种培育与应用”、院蚕业与农产品加工研究所余元善研究员主持的“特色浆果的营养健康效应及其精深加工关键技术研究与应用”获省科学技术奖一等奖，院作物研究所花生研究团队与国际半干旱热带作物研究所合作成果获省科学技术合作奖。应用新品种、新技术持续保持优势地位，获审定（登记、评定）品种 247 个，获植物新品种权 56 个，有 31 个品种、38 项技术入选 2020 年广东省农业主导品种和主推技术，分别占比 63.3%、76%。获授权专利 203 件、计算机软件著作权 265 件；制定、修订标准 118 项。发表科技论文 1 014 篇，其中被 SCI 收录论文 408 篇；出版科技著作 37 部。

（3）平台建设提质增效

全院 11 个省重点实验室考核获 2 个优秀、2 个良好，其中水稻研究所“广东省水稻育种新技术重点实验室”、蚕业与农产品加工研究所“广东省农产品加工重点实验室”获评优秀，作物研究所“广东省农作物遗传改良重点实验室”、动物科学（水产）研究所“广东省畜禽育种与营养研究重点实验室”获评良好。25 个省级工程技术研究中心评估获 7 个优秀。农业资源与环境研究所“国家土壤质量广州观测实验站”获中央预算内投资项目立项支持。农业生物基因研究中心“广东省农作物种质资源保存与利用重点实验室”出库立项。动物卫生研究所启动高等级生物安全实验室（P3 实验室）建设并纳入省科技厅《广东省生物安全实验室体系建设方案》。

（4）积极推进国际合作

努力克服新冠肺炎疫情影响，在严格遵守省政府外办有关新冠肺炎疫情期间因公出访工作要求的同时，积极巩固和整合现有国际合作资源，共签订国际合作协议 38 份，接待外国驻广州领事馆领事官员 3 人次，开展线上视频云会议、云论坛 11 场次，主动谋划联系国际组织来粤设立分支机构。有 14 人入选国家留学基金委员会公派出国留学人员项目，立项率达到 100%。

（5）加强学科调整与拓展

在农业生物育种、智慧农业、数字农业、营养与健康、动植物重大疫病防控、农业微生物、农产品贮运与保鲜、农业废弃物资源化利用、“三农”研究等领域加强布局、补齐短板，遴选建设 10 个杰出学科团队和 24 个新兴学科团队，全院研究领域布局与科研团队结构更加适应农业农村现代化发展需求。

（6）科研进展取得新突破

创制了香蕉基因编辑突变体，使果实在常温下货架期延长 2 个月；启动非洲猪瘟防控应急专项，研发出快速检测技术 6 项，保障生猪产业稳定。牵头制定国家农业行业标准《黄羽肉鸡营养需要量》并正式发布实施。“桑蚕资源食药用价值挖掘与高值化加工关键技术”和“早熟优质沙糖桔新品种金葵蜜桔”入选 2020 中国农业农村重大新技术新产品新装备。水稻品种“美香占 2 号”“泰丰优 208”“泰优 1002”获第三届全国优质稻品种食味品质鉴评金奖，其中“美香占 2 号”是连续第三年获此殊荣。

“美香占 2 号”获第三届全国优质稻品种食味品质鉴评金奖

（7）着力脱贫攻坚，夯实乡村产业发展基础

发挥科学院科技优势，精准帮扶，累计帮扶雷州市企水镇洪排村发展优质鸡养殖、优质水稻、果蔬等 12 个富民兴村扶贫产业，建设农技服务站、图书馆、科普文化楼等 10 项美丽新农村工程，取得了良好经济社会效益。截至 2020 年底，实现全村有劳动力贫困户年人均可支配收入达到 17 800 元以上，洪排村和 226 名贫困人口全部达到脱贫出列标准，完成“软弱涣散党组织”和“相对贫困村”的双摘帽。此外，还组织农村科技特派员对接全省 200 多条省定贫困村，选派 600 余名科技人员深入开展科技服务，为全省发展乡村产业、打赢脱贫攻坚战提供了人才和技术支持。

（8）巩固院地合作模式，建设完善农业科技服务网络

广东省农业科学院与地方政府共建了 13 个农科院地方分院、30 个专家工作站、40 个县市农科所联系点，构建以地方分院为支点、专家服务团为桥梁纽带、现代农业产业园为抓手的科技服务体系，形成了“共建平台、下沉人才、协同创新、全链服务”的“院地合作”模式，得到地方党委、政府和农业经营主体的高度认可，省委、省政府要求巩固推广省农科院院地合作模式。探索新冠肺炎疫情防控常态化形势下线上线下相结合的科技服务模式，组

二是科研产出效果明显。大力推进科技强农，取得一系列支撑现代特色农业发展的重大成果。2020 年，我院通过国家或自治区审定（登记）农作物新品种 110 个；获自治区科学技术奖 12 项，其中科学技术进步奖二等奖 5 项、三等奖 6 项，技术发明类二等奖 1 项；获授权专利 230 项，其中发明专利 95 项；发表论文 516 篇，其中 SIC 收录 75 篇；完成广西科技成果登记 215 项。在优势特色农业领域选育出一批新品种，包括桂糖 58 号、桂糖 59 号、桂糖 60 号等高产高糖高抗甘蔗新品种，万太优 588 号、科源优 610 号、科源优 616 号等水稻新品种，桂单 552 号、桂甜糯 228 号、桂甜 570 号等玉米新品种，桂花 40 号、桂花 41 号、桂花红 198 号等花生新品种，桂金冠、桂红玉等西瓜新品种。桂糖系列甘蔗品种在我区“双高”糖料蔗基地的推广种植比例已经稳定超过 50%，呈现出逐步取代台糖品种的趋势。重点研发一批特色作物高产高效绿色生产技术和农产品加工贮运技术，“葡萄一年两收栽培技术”“甘蔗高效节本栽培技术”“粉垄绿色生态农业技术”等连续入选农业农村部 100 项农业主推技术。编制广西地方标准 35 项，获颁布实施 10 项，有效解决了乡村产业振兴发展中生产技术的标准问题。

三是科技成果转化步伐加快。推动科技和经济紧密结合，打通与企业之间的供需网络，推进水稻、甘蔗、玉米、花卉、蔬菜、果树、食用菌等成果转化项目实施。2020 年，全院成果转化合同金额总计 4 050.01 万元 (包括横向项目)，比 2019 年的增加 52.4%。

其中，检测服务、技术开发服务、技术咨询、横项项目等有大增幅，合同金额达 2 927.71 万元，比 2019 年增加 51.1% ；品种权交易开发 26 项，专利许可和技术交易 11 项，3 项交易额合计 1 122.3 万元。院地、院县、院企合作进一步深化，与全区 10 多家农业企业签订战略合作协议，合作对象继续扩增，拓宽了成果转化渠道。通过科企合作，大批量“桂”字系列农作物新品种种子（苗）继续领跑品种市场。同时，强化技术模式集成示范，推动水稻、玉米、甘蔗等传统产业转型升级，推动果树、蔬菜、中药材等特色优势产业绿色提质增效。

四是科技扶贫收效明显。我院定点帮扶兴业县卖酒村、旺龙村 309 户贫困户，已全部实现脱贫摘帽。2020 年，我院继续依托科技优势，帮助定点帮扶村发展优质稻、荔枝、特色甘薯、百香果、沃柑、黑皮花生、黑皮冬瓜、毛节瓜、芋头、红灵芝等特色产业。在产业扶贫、产业富民方面，继续加大人才、技术、项目的支持，全院选派 212 名科技特派员深入贫困村进行产业扶贫，引进、示范、推广作物新品种、新技术 500 多项。西甜瓜“蜜蜂授粉”技术助推广西大棚西瓜、甜瓜迈入总产值 10 亿元以上的大产业。葡萄一年两收栽培技术改变了广西“葡萄禁区”的传统认识，助力广西一举成为全国双季葡萄最大产区。育成的桂蔬 5 号、桂蔬 6 号等黑皮冬瓜优良品种，在全区种植已达 20 万亩。

香蕉枯萎病防控取得突破性进展，“以桂蕉9号为核心、土壤调理为主线”的防控技术体系，可将枯萎病发病率控制在5%以内。2020年推广桂蕉9号新种面积1.1万亩，累计推广2.6万亩。在全区建立400多个产业扶贫示范基地，涵盖粮油、蔬菜、甘蔗、特色水果、蚕桑、食用菌、中药材、生态养殖等特色产业，示范面积85万亩，以点带面推动了特色产业发展。

五是科技服务再次升级。①“百名专家联系现代特色农业（核心）示范区企业”活动升级为科研单位进示范区、科技特派专员进示范区、农业科技专家大院进示范区、重大科技创新平台进示范区、科技成果转化基地进示范区、科技培训咨询进示范区的“六进园区行动”，院属各单位、各分院、各试验站与示范区直接挂钩联系，更加主动、更大力度地走进示范区开展科技服务。②“支部联村企，科技兴产业”活动升级为“支部联村企，科技旺产业”活动，与全区各地贫困村、示范村和示范区联建支部，基本辐射全区各农业县（市），农业科技服务实现“增点扩面”。活动落地一批科研成果，带旺一批特色产业，培育一批新型农人，形成一批典型经验，助推农业特色产业从“产业兴”迈向“产业旺”。

六是科技协同不断完善。我院牵头组建的广西农业科技创新联盟继续在科技创新支撑产业上继续发挥重要作用，联盟的运营有力推动了全区科研“一盘棋”的构建，形成上中下游紧密衔接的新型创新体系。院地合作上，我院与地市人民政府共建的11个分院和与自治区农业厅共建的58个特色作物试验站建设逐步完善，形成了“区－市－县”三级农科院所和推广部门联动的农业科技创新体系。我院认真落实自治区人民政府交办的重大事项，进一步加强与中国农业科学院的合作，共同提出了3个协同创新方向、11项子任务，基本涵盖广西农业科技的优势学科和广西特色农业领域，已于2020年5月获得自治区创新驱动发展专项立项资助。

七是对外合作不断加强。依托中国－东盟农业科技创新联盟，进一步扩大国内国际农业科技创新网络，积极推动中国与东盟各国的农业示范基地，与越南、缅甸、老挝等国家开展科技交流与合作，在玉米、水稻、西甜瓜、葡萄、蔬菜等领域开展引种筛选、示范推广及病虫害防治布点试验。主办筹办第十六届桂台经贸文化合作论坛平行主题活动“第七届桂台农业发展与技术交流研讨会”，因受新冠肺炎疫情影响，本届会议采取线上线下相结合的方式举行，共有学术报告9个，其中台湾视频连线3个，在桂台商专题报告3个，区内学术报告3个。向自治区科技厅申请“百名东盟青年科学家来华入桂工作计划”岗位3个，分别是水稻栽培岗位、柑橘病虫害防控岗位、土壤重金属污染修复岗位。组织申报国际合作项目和高端国（境）外专家引进项目，以项目培养（引进）人才，以人才推动事业，积极与国际水稻所对接，联合建立“中国－菲律宾水稻分子育种‘一带一路’联合实验室”，争取国家层面的项目支持。

（3）经验和做法

一是狠抓优势特色学科群建设和学科带头人培育。① 主动根据产业需要优化学科群布局，更有针对性、更为精准地服务农业产业高质量发展，进一步凝练学科建设方向，立足粮食、糖料蔗、蔬菜、水果等广西优势特色农业产业，重点培育169个科技创新团队，财政稳定支持经费1 700万元。② 发挥广西乡村振兴战略研究院资源优势，旨在打造集理论研究、社会服务和咨政参考于一体的乡村振兴战略高端智库，积极参与《广西乡村振兴战略规划（2018—2022年）》等重大战略规划的编制及广西实施乡村振兴战略的一系列重大课题研究，编制了一批现代农业示范区、现代农业产业园、田园综合体建设规划。③ 深入实施人才强院战略。召开全院人才工作会议，全面部署人才工作，落实《关于加强高层次人才队伍建设的意见》及相关配套文件。大力引才聚贤，全职引进海内外专家担任学科带头人，柔性引进院士顾问、客座研究员（教授），学科领域覆盖我区种植业主导产业，引领带动广西本土优秀团队和一流人才的成长。

二是狠抓自主品种和关键技术创新。① 大力研发“桂”字号新品种。结合广西现代特色农业产业“10+3”提升等重大行动，大力研发产量高、品质优、抗逆性强、适应性广的农作物新品种，为我区牢牢把握现代种业自主品种主导权、加快农业结构优化和绿色转型提供有力支撑。重点开展优质杂交稻、高产常规稻、“桂单”系列玉米等粮食作物良种繁育。加快推进“桂糖”系列甘蔗新品种选育，深入实施“糖业二次创业”重大科技专项，加强高产、高糖、高抗品种的研发和推广。加强大宗蔬菜、热带水果等新品种引选和示范，推动我区外运蔬菜、特色水果的传统品种升级换代。② 大力攻关农业关键技术。围绕农业供给侧结构性改革和一二三产业融合发展的重大科技问题，明确重大产出和重要方向，重点加强耕作栽培管理、农业资源高效利用、重大病虫害防控、农产品精深加工、质量安全、农业信息化等关键核心技术攻关。③ 大力拓展新兴产业攻关。应对我区新兴产业发展需求和现代农业创新需要，加强在富硒农业、休闲农业、有机循环农业、农业生物基因技术等新兴产业领域的科研攻关。

三是狠抓科技项目和科技创新平台构建。① 积极开展各类项目的申报工作。2020年，我院新增各类科研项目863项，总资助经费1.868亿元。其中国家自然科学基金21项，资助经费936万元；省部级项目134项，资助经费9 867万元；地厅级及其他项目708项，资助经费7876.96万元。② 推进科技创新平台建设。2020年，科研平台到位总经费4 866.75万元。其中，2020年新增“千万级”科研平台建设项目2个，分别是国家种质资源武鸣观测实验站和国家农业环境南宁观测实验站，总投资2 630万元，其中，中央投资到位经费

2 390 万元，创我院历年获批中央投资金额新高；产业技术体系专家下达经费 2 046.75 万元，其中，国家体系岗位专家和综合试验站站长经费 1 036.75 万元，广西创新团队专家经费 1 010 万元；自治区重点实验室和工程技术研究中心下达经费 430 万元。申报省部级平台 7 个，其中，申报国家级农业科技创新联盟 1 个，自治区工程研究中心 6 个。申请储备项目 29 项，其中“三农”领域补短板项目 7 项，自治区扩大农业农村三年行动计划 22 项，申请总投资经费 10.453 2 亿元。申请农业农村部种质资源保护确定单位 2 个，申请广西主要农作物品种核心区试站 4 个，申报自治区种业管理专家库 152 人。

四是狠抓成果转化和科技服务。① 建设成果转化基地。充分依托分院、试验站，在自治区的粮食生产功能区、糖料蔗生产保护区、特色农产品优势区，开展我院成果转化基地县建设，推动新品种、新技术成果在产区整建制、整片区示范推广，促进“一村一品、一乡一业、一县一特”发展。② 与农企和新型农业经营主体深度合作。选派科技特派专员进驻工作，助力农企进行技术集成创新、产业开发，同时推动我院科技成果转化应用。③ 推送科技服务到生产前沿。通过“党建 + 科技 + 扶贫”等服务模式，在自治区的现代特色农业示范区、“三园一体”（现代农业产业园、科技园、创业园和田园综合体）等建设科技专家服务站点，派出科技人员入驻服务、产业专家联系指导，把人才、品种、技术直接输送到生产一线。组织百名专家深入全区贫困市县，对接服务百家企业产业科技扶贫，推广百项产业扶贫适用技术成果。

五是狠抓科技体制机制改革创新。① 推动科教结合、科企融合，促进创新主体协同创新。与中国农业科学院、中国热带农业科学院、广西大学等院、校建立联合攻关、联合共建重点实验室、联合培养人才机制，与深圳华大基因等合作企业建立科技需求对接机制，打通基础研究、应用开发、成果转移与产业化链条，实现学科、人才、科技和产业互动。② 完善科技成果使用处置、收益分配等制度。重新修订了《广西农业科学院科研项目管理办法（修订）》《广西农业科学院科研项目经费管理办法（修订）》《广西农业科学院科研项目绩效支出管理办法（修订）》《广西农业科学院科研诚信管理办法（修订）》等文件，进一步加强项目及经费管理，将科技成果转化收益分配更多倾斜于成果完成人，有效激发了科研人员的创新活力，同时规范相关责任主体的科研诚信管理。③ 创新科技特派专员制度，选派专家深入企业挂职，服务企业发展。如我院园艺研究所对接火龙果产业龙头企业，以广西金穗农业集团有限公司的浪湾、方一的 5 000 亩火龙果标准化基地为示范村及标杆，逐步辐射带动，扩展到那桐镇的浪湾、定江、兰布、定盆等村，至 2020 年，隆安县火龙果种植面积 6 万多亩，总产量达 10 万 t 以上。我院葡萄与葡萄酒研究所在东兰县武篆东里村建立 300 亩“阳光玫瑰”葡萄产业扶贫基地，集成示范葡萄新品种“阳光玫瑰”一年两收栽培技术、病虫害绿色防控技术，示范效果显著，形成产业扶贫“东兰模式”，同时，把东兰模式复制到马山、上林、宾阳、隆安等地，协助建立阳光玫瑰扶贫产业基地 500 多亩，在罗城县四把镇棉花村，建立毛葡萄产业扶贫基地 150 亩，重点集成示范毛葡萄果实品质提升和病虫害绿色防控技术示范。

2020 年全国科技活动周广西活动暨第二十九届广西科技活动周 · 广西创新驱动发展成果展

（二十二）海南省农业科学院

1. 机构发展情况

海南省农业科学院为省政府直属正厅级综合性农业科研事业单位。目前，全院内设 8 个管理部门，直属科研事业单位 10 个。建有 29 个国家和省部级科研试验平台及 6 个院士创新平台。事业编制 251 名，其中财政预算编制 139 名。目前全院在职职工 212 人，其中高级职称 103 人、中级职称 23 人、初级职称 38 人；博士 18 人、硕士 76 人、本科 19 人。

2. 科研活动及成效情况

（1）科技创新和成果推广转化工作有新的突破

全年科研项目获立项 132 项，比上年度增长 5.97%，立项经费 4 794.88 万元，比上年度增长 18.10%；获得专利授权 31 项；发表学术论文 136 篇；研发新品种（配方）8 个。种质资源收集工作成效显著，收集资源 1 070 份。新获批 1 个院士团队创新中心，完成申报 1 个外籍院士工作站。国家种质资源澄迈观测实验站获国家立项，经费达 1 390.98 万元。建设省内科技示范点 147 个，推广新品种 53 个，推广新技术 141 项，畜禽推广应用 1 812 万头（只），粮作和果蔬推广面积 49 万亩，推广榴梿、菠萝、三角梅等优新品种 14 637 亩；培育樱桃番茄嫁接苗 700 万株；蔬菜化肥农药减施与果园土壤改良技术 10 100 亩。成功打造“贡品地瓜”“牙胡梯田山兰”“新旧沟冷泉香米”等产业品牌。

林木良种证

（审　定）

良种名称　“金色沙滩”三角梅

树种　三角梅

学名　*Bougainvillea buttiana* 'Golden Beach'

良种编号　琼S-ETS-BB-001-2019

适宜推广生态区域　海南岛全岛

编号：（2020）第01号　发证机关

2020 年 7 月 6 日

“金色沙滩”三角梅获得海南省林木品种审定

（2）科技助力脱贫攻坚工作有新的成效

全年科技下乡 2 547 人次，举办科技培训班 245 期，培训人数 1.75 万人次，发放资料 1.4 万份。院班子部署扶贫专项工作 5 次、7 次到定点扶贫村（五指山市毛阳镇毛兴村）调研指导；开展各类消费扶贫活动 12 次，推动销售各类瓜菜约 600 t；安排专项经费 41.43 万元用于定点扶贫村产业发展，助力村集体经济收入与农民增收。派出畜牧、粮作、蔬菜、植保等 8 个农业领域科技骨干 119 人次（占我院在职科技人员总数的 64.3%），为全省脱贫攻坚提供科技支撑。其中，选派 46 名科技特派员赴五指山等 8 个“三区”市县开展农业科技帮扶工作。我院扶贫工作队和乡村振兴工作队受到当地的表彰，多名同志获省市表彰，我院经验做法受到主流媒体广泛关注。

（3）团队建设及人才培养工作有新的进展

有 4 支团队入选省“双百”人才团队；5 人入选“南海系列”育才计划，5 人荣获省级荣誉称号；我院第一批入选“南海系列”育才计划的 12 名专家全部通过督导评估。获得国务院政府特殊津贴及海南省有突出贡献的优秀专家各 1 人；设立院级学科带头人 5 名、青年学术骨干 19 名。营造了人尽其才、才尽其用的良好氛围。

植物保护研究所组织专家赴临高开展火龙果病虫害防控技术指导

海南省农业科学院与临高县南宝镇人民政府、海口迅达实业有限公司签订三方战略合作协议，并为“海南省农科院乡村振兴科技示范基地”（南宝）揭牌

（二十三）重庆市农业科学院

2020 年，重庆市农业科学院围绕“三农”科技需求布局创新链，项目申报质量和竞争力明显增强，全年新上科研项目 169 项，年度下达项目经费较 2019 年增加 512 万元；签订横向项目 66 项 1 137.8 万元，较 2019 年增加 42 项 644.4 万元，增长 1.3 倍。

1. 科技成果

全年获得省部级科技进步奖 6 项，其中“西南地方种质糯玉米自交系的创制及应用”获全国农牧渔业丰收奖一等奖，“高温伏旱区高品质杂交水稻渝香 203 的选育及产业化应用”获重庆市科技进步奖一等奖。获专利 48 项，获软件著作权 23 项；申报市地方标准并立项 10 项。

2. 自主创新

（1）取得一批自主创新成果

新审定水稻品种“神农优 446”和“晶红优 52”米质达部颁 1 级；培育出含油量 50.46% 的油菜新品种“晶油 1 号”已通过国家登记；渝青系列 4 个高产优质专用青贮玉米新品种，通过国家农作物品种审定委员会审定，将进入全国大面积生产推广使用阶段；“黑糯 600”获重庆市首届鲜食玉米食味鉴评嘉年华活动金奖。在重庆地区率先启动了稻田温室气体排放研究工作。构建茶树重要害虫灰茶尺蠖第一、二代幼虫发生量预测模型，准确率达 100%，将为全国茶区防治灰茶尺蠖第一、二代幼虫提供有力技术支撑；实施茶园化肥农药减施增效技术，集成全市不同茶区化肥农药减施技术模式，带动我市主要茶区化肥施用减量 24.8% ～ 28.9%，茶叶增产 2.20% ～ 7.74%。花椒团队争取到科技部项目支持，建立了重庆市花椒种质资源圃。智慧农业影响力逐步突显，农业机械研究所首创研发的“果园无人对靶施药机”，采用新能源动力系统，具有遥控和无人驾驶双操控模式，可进行仿树形精准对靶施药，经测算可节省农药 50% 以上。开发的武隆区黄莺乡复兴村智慧农业精准服务平台，获鲁渝两省市主要领导的充分肯定。“工厂化高效鱼菜共生系统精准测控技术”入选智慧农业新技术应用模式数字乡村典型案例。蔬菜花卉研究所食用菌研究中心牵头的“重庆市农业微生物种质资源保藏管理中心”获批市农业农村委第一批市级农业微生物种质资源保护单位。成功构建水稻基因编辑紫色标记选择技术平台，创制理想株型、高光效水稻育种新材料，为水稻精准育种打下了坚实基础。联合中国科学院重庆智能院、重庆大学申报的国家重点研发计划项目《在设施农业中紫外 LED 应用模组和系统技术应用》通过评审预答辩。

（2）建成了一批科研新平台

18 个建设项目纳入各类储备库和规划，山地农业科技创新基地项目纳入西部（重庆）科学城建设项目和“十四五”市重大项目库。“国家农业科技示范展示基地（重庆高新区）”获批，建成科技部“国家遥感应用工程技术研究中心——重庆农业遥感分中心”“重庆山地数字农业大数据中心”。蔬菜南繁基地建设如期完工。农业农村部江津农业环境与耕地保育科学观测试验站“十三五”工作评估顺利完成且名次靠前。重庆现代农业高科技园区成功入选国家现代农业科技示范展示基地。

（3）联合创新有新进展

与中国农业科学院都市农业研究所、璧山区签订了战略合作协议，与联想集团签订战略合作框架协议，与巫山县合作共建了巫山脆李研究院。与四川省农业科学院签署了战略合作协议，并列作为联盟理事长单位牵头组建了有 104 家理事单位的“成渝地区双城经济圈农业科技创新联盟”。

成渝地区双城经济圈农业科技创新联盟成立

全年举办学术会议 46 场次，成功完成“2020 中国乡村振兴战略推进大会”“2020 中国（重庆）丘陵山区农业机械展览会”“重庆市农业机械学会 2020 年学术年会”“全国农业监测预警与风险管理学术研讨会”等学术交流活动。

3. 科技成果转化

对接新型农业经营主体 100 余家，推广优良品种 50 个以上，提供良种 117 万 kg，优质果苗 7 万株，应用面积 1 000 万亩以上。联合 16 家重庆米业龙头企业，成立了“重庆贡米发展协会”，打造重庆贡米产业联盟，引导支撑苗妹香香、皇茗苑农业综合开发有限公司等科技创新型农业主体发展，推广了具有我院自有知识产权的水稻、油菜、玉米、茶叶等品种。云岭牌永川秀芽、云岭牌云岭小婉（沱茶）分别获“巴味渝珍”杯重庆市第三届斗茶大赛五星冠军绿茶、五星冠军沱茶、重庆市第五届“十大名茶”、重庆市第十三届三峡杯名优茶评比（绿茶类）金奖，院云岭茶业公司获重庆茶业品牌影响力优秀企业称号。

4. 科技扶贫

鱼菜共生系统温室作业机器人

组织全院科技人员开展“团队下乡、人员入户、成果下田”活动，组建了13个科技产业扶贫技术指导组、29支脱贫攻坚专家服务团队，深入全市脱贫攻坚主战场，科技助推全面打赢脱贫攻坚战。全年执行扶贫项目13项600余万元，开展科技服务600余次，帮扶企业和专业合作社68个、贫困村80个，示范推广良种80个、新技术26项；指导建设农业产业示范园4 190亩，农产品加工生产线6条，标准厂房3座，技术培训14 000余人次，其中建卡贫困户6 000余人次，帮助他们发展产业实现户均增收900余元。重庆市农业科学院对口帮助的深度贫困乡（镇）巫山县红池坝镇已实现高质量脱贫目标，由副院长担任队长的扶贫工作队连续三年获“全市脱贫攻坚先进集体”。担任红池坝镇渔沙村第一书记的蔬菜花卉研究所科技人员刘吉振同志荣获全国脱贫攻坚先进个人，果树研究所荣获重庆市脱贫攻坚先进集体。

5. 乡村振兴

积极参与全市30个产业振兴示范村（镇）建设，充分发挥我院科技优势，扎实开展新品种示范推广、农业生产技术培训、新型经营主体培育等，有力支撑了乡村产业振兴。在今年我市遴选推介公布的100项农业主推技术、20项农业优质绿色高效技术模式和100个农业主推品种中，我院27项主推技术、5项优质绿色高效技术模式和30个主推品种入选。分别占种植业类56项主推技术、8项优质绿色高效技术模式和69个主推品种的48.2%、62.5%和43.5%，充分彰显了我院在助力乡村振兴战略中的科技骨干地位。

6. 开放办院

重庆市农业科技积极融入“一带一路”建设，落实“一省一国对口负责制”责任，保持中国援坦桑尼亚农业技术示范中心在国际农业合作上稳步推进，持续开展“惠坦行”活动。与孟加拉国水稻研究所积极推动孟-中杂交水稻研发中心的成立。“非洲水稻种质资源引进与优良品种培育示范”“中坦合作一体化现代农业试验示范基地（中坦农业示范中心）建设”获批国家外专局引智项目。

（二十四）重庆市畜牧科学院

重庆市畜牧科学院是重庆市畜牧科学创新中心、国际合作中心和高级科技人才培养基地。建有养猪、草食牲畜、家禽等研究所 12 个，牵头组建“重庆市畜牧产业创新创业联盟”等创新创业联盟 5 个，与地方政府联合组建分院（特色研究所）19 个，组建国家、地方现代农业产业技术体系综合站（室）8 个，打造生猪、草食牲畜、家禽、蜜蜂、家蚕等地方畜禽品种种业技术创新团队 12 个。

全院现有在职职工 420 人（编制人员 307 人，编外人员 113 人）。其中，专业技术人员 323 人，占在职职工的 77%，具有正高级职称 59 人，副高级职称 86 人，高级职称占全部专业技术人员的 45%，全院拥有博士学位 50 人，硕士学位 138 人，45 岁以下青年科研骨干 243 人，占在职职工的 58%。培养造就国家百千万人才工程、享受国务院政府特殊津贴专家、国内有影响的农业人才、岗位科学家、学术带头人等 70 人。2020 年招收博士后 3 人，申报中国博士后基金项目 4 项，市级博士后基金项目 3 项。3 人获得博士后日常资助 24 万元。引进博士 1 名、硕士 2 名，1 名博士脱产学习，2 名博士在读学习，聘请客座研究员 1 名，联合培养博士研究生 3 名、硕士研究生 6 名，晋升研究员职称 2 人；鹅遗传育种科研创新团队和动物微生态制剂研制与健康养殖技术服务团队入选 2020 年“重庆英才・创新创业示范团队”、“重庆英才・优秀科学家”、重庆市“有突出贡献中青年专家”各 1 人；3 人获得重庆市人力资源和社会保障局第二批专家服务团领衔专家；生物工程研究所获“重庆市抗击新冠肺炎疫情先进集体”称号。

1. 科研活动及成效情况

（1）科研项目及成果

2020 年，实施在研项目 248 项，合同经费 1.37 亿元。新增项目 90 项，经费 4 036 万元，其中省部级及以上项目 66 项。完成结题验收项目 98 项，归档销号 71 项。推荐市级及以上科技奖励 7 项，其中，重庆市科技进步奖 5 项、农业农村部神农中华农业科技奖 2 项，获重庆市科技进步奖二等奖 1 项、三等奖 1 项。科技成果评价 3 项；登记论文 148 篇，其中 SCI/EI 收录 25 篇；授权专利 41 件、受理专利 37 件；著作 18 部；成果登记 7 件、版权登记 7 项。组织申报地方标准 11 项，立项 6 项，获市财政补助 12 万元；送审地方标准 19 项，完成评审报批 11 项；发布地方标准 8 项、团体标准 2 项。研发出腺苷七肽、液态发酵饲料产品 2 个，其中腺苷七肽产品正在向农业农村部申报国家新饲料添加剂证书；开发了传统节日食品、特色地方猪、鸡、鹅、牛、羊、兔等系列风味产品近 20 个；与企业联合开发了猪胶原蛋白护手霜、猪胶原蛋白养心面、胶原蛋白益生菌固体饮料等精深加工产品。

（2）重要项目进展

遗传资源领域：开展全基因组选择技术研发与服务，初步组建了开展全基因组选择育种所需的参考群体。盆周山地猪保种场建立 8 个血缘系，保种群种猪数量保持稳定，保种效果明显；涪陵黑猪新品系选育核心群种猪稳步增长，达到了年度选育预期目标，涪陵黑猪配套系选育及产业化开发顺利实施；选育肉鹅专门化品系 5 个，杂交配合力测定确定了“渝州白鹅”三系配套模式，目前处于各专门化品系的持续选育提高和配套系中试阶段；通过皮肤全长转录组数据分析，找到两个乌羊特异性 *ASIP* 基因的转录本 ONT.6666.1（687 bp）和 ONT.6327.1（794 bp），目前已基本确定 *ASIP* 基因是酉州乌羊皮肤黑色素异常沉积的关键候选基因；筛选牧草资源具有重要利用价值的种质资源 25 份，收集繁殖 483 份牧草资源入库保存，累计实现编目入库 403 份资源的信息与实物共享；在石柱、云阳等地推广了良种肉牛人工授精、胚胎移植、肉牛高效安全养殖等技术，实现了肉牛种质资源创新、利用、示范推广；组建高产抗逆中华蜜蜂新品系核心种群 62 群，完成了 1 代选育，组建 102 群群势一致的生产型蜂场 1 个。

生物医药与医用动物领域：培育的两个人类抗体小鼠成功进入国家动物模型资源共享信息平台；利用我院自主培育的国内唯一具有自主知识产权的人源化抗体小鼠开展“新冠肺炎”治疗用抗体药物的研发，目前已经筛选出具有新冠活病毒中和效果的全人单克隆抗体，KD 值、活病毒 IC_{50} 等核心技术指标居世界前列，为疫情常态化防控提供了宝贵的战略资源；将获得的卵母细胞采用体细胞核移植、构建重构胚、胚胎移植转人免疫球蛋白重链受体母猪 4 头，目前有 3 头怀孕，极大地推进人源化抗体猪培育进程；利用建立的国内唯一一个无菌猪培育与应用平台，对华西二院开展新生儿肺部发育动物实验技术服务，完成了 14 头母猪剖腹产手术，共构建 46 头实验猪模型；探究出天然活性物质桑葚多酚具有显著的减肥作用，为在功能性食品加工及应用上提供了研究方向。

人源化抗体猪

兽医兽药领域：成功研发出 30% 替米考星微乳注射液，20% 土霉素注射液；筛选防控仔猪消化道疾病的中药处方 1 个，中药发酵益生菌配方 1 个，初步确定中药发酵技术的生产工艺 1 套；从腹泻绵羊外周血中，得到一株微生物新种，并以第一单位将基因序列提交 NCBI（GenBank: MN904796.1）；开发“动物疫病诊断管理系统”App 一款，已进入内部调试阶段；通过女黄扶正散发酵物对脾虚大鼠肠黏膜免疫作用及机制研究，成功建立脾虚大鼠模型；从羊副结核分枝杆菌基因组筛选候选抗原基因，构建了抗原信息库和抗原基因原核表达系统；探索出中华蜜蜂虫体解毒酶基因（CYP6A14）可能参与中华蜜蜂对吡虫啉的解毒代谢的分子机制。

动物营养与畜牧工程领域：研究发现不同菌群移植可改变哺乳仔猪脂质代谢（特别是甘油磷脂类化合物代谢），影响其氨基酸代谢（主要是丙氨酸、组氨酸和色氨酸）；解析了罗伊氏乳杆菌改善仔猪肠道健康的分子机制；发现大豆低聚糖和益生菌组合成为合生元使用对断奶仔猪早期生长、健康和肠道菌群均具有积极影响。筛选出了 1 株能有效降解豆粕中抗原蛋白的芽孢杆菌、1 株能够快速产酸的植物乳杆菌和 1 株菜籽多肽得率高的类芽孢杆菌 S-37，初步建立了液态发酵生产菜籽多肽的生产工艺 1 套，建立了玉米 – 豆粕型饲料批次液态发酵工艺和连续液态发酵工艺各 1 套。成功构建了抗菌肽高效表达重组载体 Tb15-AAD 和 X-BTC 及 Penisin-SCK168 高效表达菌株；研发出群养猪只圈内体重、体尺及位置的智能识别技术和猪场无线传输技术等新技术。

（3）科研条件

2020 年投入平台运行经费 610 余万元，新增仪器设备 102 台套，价值 300 余万元。新增重庆市荣昌区国家生猪测定站、内江猪研究所，市级种质资源保存平台：重庆市作物种质荣昌牧草资源库；西南中兽药评价中心正处于建设阶段，投资完成率达到 95% 以上。申报各级研发平台 8 个，申报并新增科技部“国家引才引智示范基地”1 个，实施了 3 个外国专家项目——智慧养殖技术的联合研发及示范推广、实验动物创新技术的国际联合研发、治疗性抗体的联合研发；申报了市级种质资源保存平台、武陶桑园基地、“三农”领域补短板储备项目渝西地区区域性畜禽产品仓储冷链物流基地建设和重庆动物源性功能食品联合技术创新中心；国家生猪技术创新中心 2020 年 4 月 16 日通过了科技部组织的专家咨询论证，2020 年 10 月 16 日通过了科技部部长办公会；2020 年市级农业产业发展（现代农业产业园）项目“畜禽智能养殖装备研发中试与转化应用”建设项目和 SPF 猪生产示范场获批立项；完成重庆市畜禽用抗菌肽工程研究中心建设项目的可行性研究报告。

（4）对外合作交流

继续通过“请进来、走出去”相结合的方式，加强学术交流与合作，促进全院科学技术水平不断提高。2020年共有来自中国农业大学、中国科学院亚热带农业生态研究所、国家饲料工程技术研究中心、中国农业科学院北京畜牧兽医研究所、中国农业科学院饲料研究所、中国农业科学院兰州畜牧所、西北农林科技大学、中国农业科学院家禽研究所、中国农业科学院蜜蜂研究所、山东农业大学、中国农业科学院农业信息研究所、四川农业大学等30余高校、科研院所、企事业单位208位国内外知名专家、企事业领导来访，就生猪、家禽、蜂、家蚕、肉牛等领域的热点方向、前沿技术、共性技术和关键技术进行了广泛的交流与指导。531人参加了第九届中国畜牧科技论坛、首届生态饲养技术高层论坛、国家重点研发计划“畜禽肠道健康与消化道微生物互作机制研究”项目课题六验收预备会、第十三届全国系统动物营养学发展论坛等54场国内会议。555人参与承办中国畜牧科技论坛生猪产业分论坛、第三届“青年拔尖人才”学术论坛暨“组学研究与畜禽健康养殖”学术研讨会重庆畜牧兽医学会、重庆畜牧兽医学会第五届会员代表大会暨山地畜牧业创新发展学术研讨会等21场国内会议，31人参与主办重庆市技术创新与应用发展专项“猪场无线传输与猪只个体识别技术研发应用”项目启动会、重庆市地方标准《集约化猪场空气质量自动监测技术规范》评审会和国家重点研发计划“畜禽肠道健康与消化道微生物互作机制研究”项目课题验收预备会。其中有18人在24场国内学术交流会做大（分）会报告。

2.科技成果转化

“重牧硅谷”是重庆市畜牧科学院重点打造的国家级孵化器平台，目前建设面积超过6 000m^2。全年引进企业5家，入驻企业60余家，接待来访专家和企业30批次，共计100余人次。“重牧硅谷·星创天地”2020年度在市科技局组织的绩效考核中为优秀，全年争取到位各类补助资金170万元。引入重庆中科基因科技有限公司联合打造第三方公共检测服务平台，并入驻“重牧硅谷”国家级孵化器，进一步完善“重牧硅谷”的孵化服务功能；引入重庆艾迪食品有限公司入驻孵化平台，签订《互联网&大数据&智能化+荣昌猪溯源技术标准开发合作协议》，在提高荣昌猪溯源技术标准化示范项目的产业转化能力方面开展多方位合作，在荣昌猪溯源技术标准方面开展部分工作。组织申报并获批市科技局2020年市级技术转移示范机构，这对于进一步完善我院技术转移机构建设，构建技术转移体系和技术交易市场体系，加快促进全院科技成果转移转化意义重大。联合中国农业大学、四川农业大学、河南瑞昂畜牧科技有限公司、四川御智微科技有限公司、重庆众信农牧科技有限公司等建立联合研发机构7个，新建忠县分院、内江分院、内江猪研究所3个分院（所），根据当地畜牧特色、围绕成渝双城经济圈建设开展相关工作，为当地的畜牧产业和乡村振兴做出了应有的贡献。

3. 科技扶贫

2020 年，派驻 2 名科技人员到重庆市巫溪县红池坝镇金家村、荣昌区吴家镇代兴村任第一书记，推荐入选“三区”科技人才 24 人、市级科技特派员 58 人、区县科技特派员 9 人，遍及全市 18 个区县，在云南镇雄、绥江，四川内江、大竹，重庆荣昌、酉阳、城口等 29 个区县 117 个乡镇下乡服务 352 次，服务天数 992 天，共推广技术 110 余个，举办技术培训班 82 期，培训人员 4 300 余人。科技特派员项目“畜禽绿色养殖技术集成技术与应用”“巫山‘果 – 草 – 羊’特色种养殖循环技术集成与示范”成功获得资助，经费 200 万元。上报“科技特派员网络公开课”选题 7 个，“中华蜜蜂春季繁殖技术”“雏鹅养殖技术”已在线网络直播，获得极大关注和广泛好评。

4. 体制机制

一是持续深化“放管服”改革，制定并发布《重庆市畜牧科学院经费“包干制”科研项目管理办法（试行）》，完善科研项目经费“包干制”管理，改革试点在我院成功落地。二是继续推进减负放权，修改相关管理办法，下放研究方案和技术路线调整、项目组成员变更、预算调整等的审批权限；横向项目实行自主管理，由科研人员根据需要编制预算，绩效支出不设比例限制，单位不提取管理费。三是推进实施“承诺制”结题评价机制，为科研人员在科研项目实施过程中出现各种意外因素导致的科研失败或未达到预期效果等情况给予一定时间的缓冲。四是继续推行以市场需求为导向的科研立项新机制，将“重庆荣昌农牧高新技术产业研发专项”提升为科技部管理档次，年度总经费由 2 200 万元增加到 5 000 万元，实施时间由 3 年延长到“十四五”末。

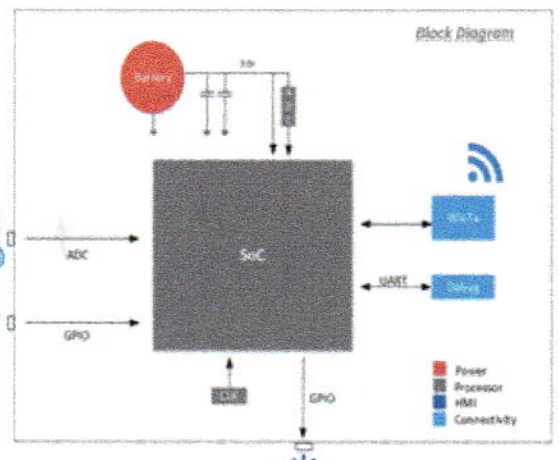

硬件结构设计图

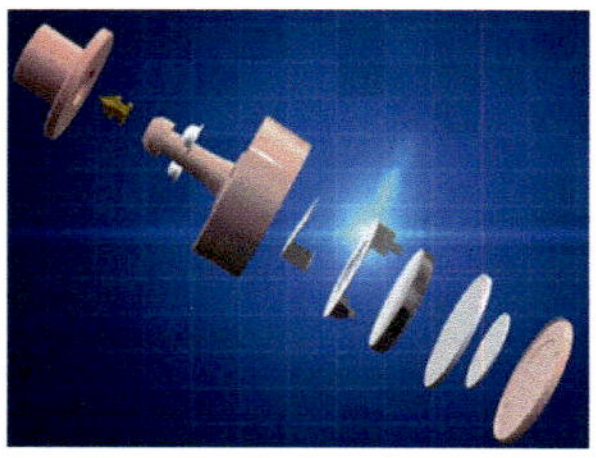

产品设计图

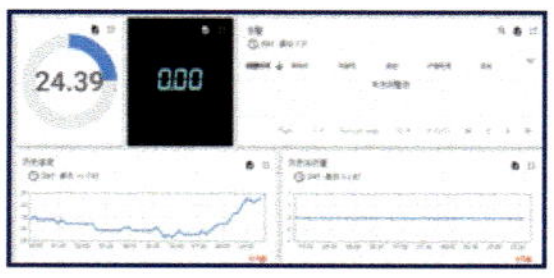

猪只正常运动图

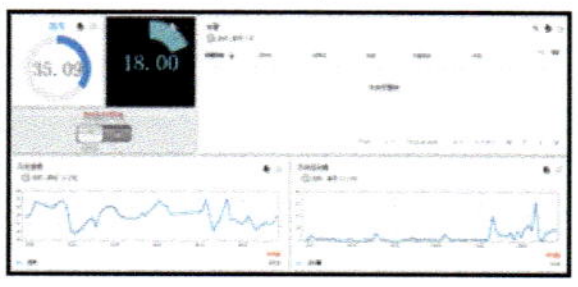

猪只异常运动图

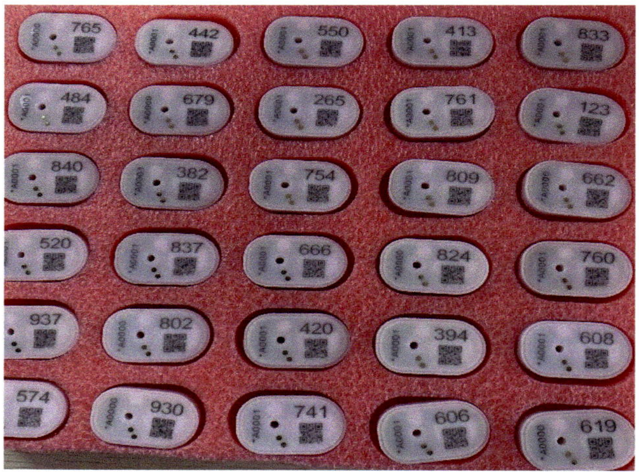

智能耳标

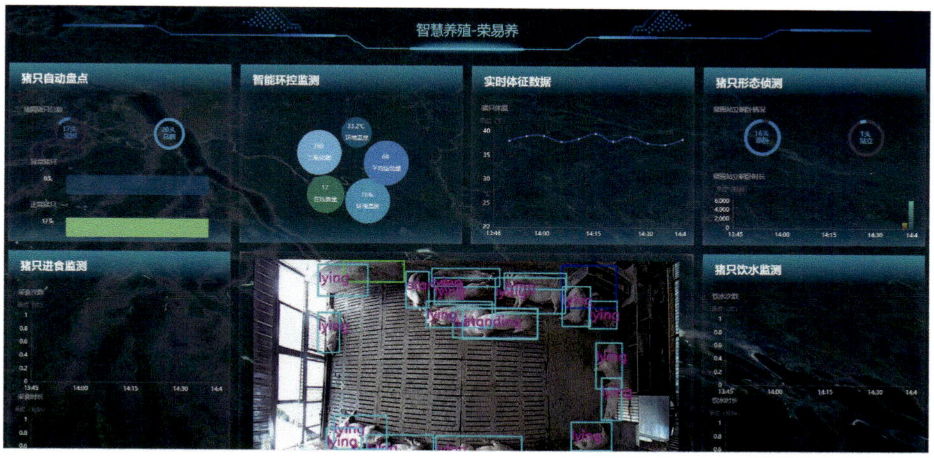

国家级生猪大数据中心生猪智能养殖（荣易养）

国家级生猪大数据中心区块链溯源平台（荣易买）

（二十五）四川省农业科学院

2020 年，四川省农业科学院以习近平新时代中国特色社会主义思想和习近平总书记对四川工作系列重要指示精神为指导，全面学习贯彻党的十九大和十九届四中、五中全会以及省委十一届七次、八次全会精神，深入践行四川省委“一干多支、五区协同”“四向拓展、全域开放”的战略部署，围绕“国内一流、国际知名”强院建设目标，全院科技工作取得显著成效。

1. 基本情况

四川省农业科学院是四川省人民政府直属的综合性农业科研机构，前身为 1938 年成立的四川省农业改进所，至 2020 年已有 82 年历史。现拥有 14 个研究所、2 个所级科研保障机构，与省内市州地方政府共建 11 个分院，建有国际合作中心 4 个、省部级及以上创新转化平台 54 个，其中省部级重点实验室 11 个，国家博士后科研工作站 1 个。主要优势学科有作物遗传育种、耕作栽培、植物保护、土壤肥料、资源环境、农业微生物、生物技术、农用核技术、蚕业科学、水产养殖、农产品安全、分析测试、农业遥感、农业信息技术、农产品贮藏加工、农业经济、农业大数据等。

截至 2020 年底，全院在职职工人数 1 180 人，在职职工中，具有正高级职称 128 人（其中二级研究员 32 人）、副高级职称 271 人；博士 191 人、硕士 352 人；全国杰出专业技术人才 1 人，国家百千万人才工程人选 4 人，国务院政府特殊津贴专家 30 人；四川省杰出创新人才奖 2 人，四川省学术和技术带头人 33 人、后备人选 60 人，四川省“有突出贡献中青年优秀专家”35 人，天府“万人计划”6 人。

全院共有国家现代农业产业技术体系岗位专家 16 人、试验站站长 18 人。水稻、玉米、油菜、水果、蔬菜、食（药）用菌、薯类、茶叶、麦类、淡水鱼 10 个国家现代农业产业技术体系四川创新团队为我省现代农业产业发展提供了有力支撑，其中创新团队首席专家 7 人、岗位专家 45 人。

2. 科技创新成效

（1）科研项目和经费

2020 年，全院到位科研经费 18 434 万元，创历史最高纪录；较上年增加 772 万元，增幅4%。“十三五”以来，我院共承担国家、省部和横向课题共计4 100余项，到位经费83 986万元，课题数比“十二五”增长27%，经费增长41%。其中，国家经费25 923万元，占总经费31%；省级经费44 731万元，占总经费53%；其他经费13 322万元，占总经费16%；主持国家项目28项，参与104项，主持省级项目289项。

（2）科技成果

“十三五”以来，四川省农业科学院获国家、省部级科技成果奖129项，与“十二五”相比增长37%。获得国家科学技术进步奖二等奖3项；获得省部级一等奖23项，较“十二五”增加4项，其中，省科技进步奖一等奖14项，全国农牧渔业丰收奖一等奖5项，神农中华农业科技奖一等奖4项。2020年，共计19个成果获四川省科学技术进步奖，其中一等奖3项、二等奖7项、三等奖9项。参与获得国家科学技术进步奖二等奖1项。

“十三五”以来，全院培育农作物新品种423个，比“十二五”增长54%，占全省审定品种数的40%以上，其中，国家审定（登记）品种160个。2020年，全院审定（认定、登记）农作物新品种共161个，其中，国家审定（登记）63个，省级审定（认定）98个。

“十三五”以来，我院作为第一技术依托单位获四川省农业主推技术共129项（次），占种植业、渔业、资环技术总数的45%。其中，种植业技术105项（次），占该领域总数48%；渔业技术12项（次），占该领域总数的29%；资环技术12项（次），占该领域总数的80%。

“十三五”以来，全院发表科技论文2 278篇，比“十二五”增加177篇，其中SCI/EI等收录363篇，比“十二五”增长249%；获得授权专利449件，比“十二五”增长136%，其中，获得发明专利207件，比“十二五”增长54%；授权品种权69个，比“十二五”增长82%。2020年，全院科技人员发表论文473篇，其中SCI/EI收录95篇，在一级学报上发表论文65篇；获得专利授权113件，其中国家发明专利50件，实用新型专利63件；授权植物新品种权4项。

（3）学科发展

“十三五”期间，四川省农业科学院出台了《四川省农业科学院关于加强学科建设的意见》（农院委〔2019〕86号），明确了今后一个时期学科建设的基本思路、发展目标和具体举措；首次成功举办全院学科建设大会。2020年确定为我院学科建设年，学科建设加快推进。同时，积极谋划“十四五”学科建设推进工程实施方案，设置优势学科、新兴学科和特色学科“三大专项”，进一步加快推进学科建设工作。一系列的“组合拳”措施，为建设“国内一流　国际知名”学科体系目标奠定坚实基础。学科建设作为我院唯一具有改革性质的创新举措上报四川省委全面深化改革委员会。

（4）科研条件

“十三五”期间，全院新建重大科研平台 20 个。其中，部级平台 12 个，省级平台 6 个，院级平台 2 个。“西南作物有害生物综合治理”“农业农村部南方坡耕地植物营养与农业环境”农业农村部重点实验室、“西南区域农业微生物资源利用”“长江上游油料作物”科学观测实验站、“国家高粱改良中心四川分中心”建设项目顺利通过竣工验收。“国家品种测试西南分中心”“国家西南特色园艺作物种质资源圃”“国家土壤质量雅安观测实验站”“国家农业微生物成都观测实验站”“西南稻区水稻生物学与遗传育种”“农业农村部西南山地农业环境”农业农村部重点实验室获得中央预算内投资。“非茶叶类饮用植物产品质量安全风险评估实验室”被纳入国家农业科技创新能力条件建设规划范围（2016—2020），将获重点支持。

（5）重要研究进展

一是高产优质专用新品种选育实现新突破。① 资源收集和利用不断加强。组织开展了第三次全国农作物普查与抢救性收集项目（四川），征集、收集粮食作物、经济作物、蔬菜、果树、牧草、绿肥等资源 6 700 余份。② 优质品种不断丰富。成功创制优质抗病高配合力恢复系“成恢 3203”和“成恢 727”，已成为长江上游稻区的骨干恢复系；育成优质绿色高效水稻新品种“旌优 781”和“川康优丝苗”获得第六届“稻香杯”优质米特等奖；“川优 6203”的育成解决了四川杂交水稻高产不优质不抗病的重大技术难题；以“成单 716”为首的玉米新品种，丰产性强、稳产性好，适应性广，中抗纹枯病，品质优；甘薯“胜南”获得国家良种联合攻关首届甘薯食味鉴评十佳品种第一名；长江流域华南型无苦味黄瓜选育取得重大突破；“天府红 1 号”和“天府红 2 号”是四川省近 20 年来选出的唯一突破性红茶品种；培育引进斑点叉尾鮰“江丰 1 号”、大口黑鲈“优鲈 3 号”、黄颡鱼“黄优 1 号”等优良品种，推广数量达到 1.2 亿尾。③ 高产品种不断涌现。“旌优华珍”“泸优 727”“德优 4727”“内香 6 优 9 号”被确认为超级稻品种；“德优 4727”在宜宾市翠屏区千亩连片水稻平衡测产达到亩产 727.3 kg；育成的绿色高产小麦新品种“川麦 104”在大田生产创造了西南冬麦区最高单产纪录；“川羊肚菌 6 号”在甘孜藏族自治州（简称甘孜州）再创亩产新高，亩产达到 592.5 kg，刷新了甘孜州 2015 康定市亩产 508 kg 的纪录；高品位茧丝蚕品种“芳•绣 × 白•春”（川蚕 27 号）平均单产 46.5 kg，50 g 茧鲜壳重 10.9 g，平均单张产值达到 2 115 元；“蜀花 1 号”花生抗倒性和耐旱性强，平均亩产 301 kg，比对照（天府 14）增产 7.6%；突破性优质高产饲草新品种“川北”是西南区首个箭筈豌豆国审品种。④ 特色专用品种实现突破。镉低积累三系杂交水稻不育系创制方面达到国际同类研究领先水平。率先创制镉低积累三系杂交水稻不育系“泸 98A”，筛选出镉低积累资源 15 份，为镉低积累杂交水稻亲本改良和组合选育提供了遗传基础；专用粳稻新品种“德粳 6 号”和“沈农 9903”在麦后人工栽插和全程机械化栽培技术模式下保持了较高的产量水平，分别达到平均亩产 559.5 kg 和 557.2 kg，有望解决四川中轻度镉超标区域的粮食安全生产问题；高粱“金糯粱 1 号”出酒率可达 53%，使五粮液优质酒率提高 11 个百分点；“川糯麦 1314”和“川糯麦 145”开辟了曲药酿酒专用品种选育的新方向。

二是高产高效绿色配套技术研发能力持续增强。研究集成了以“选用穗粒兼顾品种适应机械化种植、提高群体起点构建大群体数量、水肥优控改善群体质量”为核心的水稻机械化高产系列栽培技术。集成了“播种 + 施肥 + 杂草防除 + 植保”于一体的水稻无人机生产技术体系，为丘区水稻生产注入了智能化、信息化元素。西南地区玉米主要病害和绿色防控技术研究与应用取得重大突破。研究集成的“菜用 + 观花 + 饲用 / 油用”多功能综合利用模式，提升了油菜种植效益，扩大了油菜种植区域和应用范围，推动了农旅结合。在世界上首次突破了羊肚菌营养生长向生殖生长转化的瓶颈，创建了羊肚菌人工驯化栽培新方法，在国内外率先实现羊肚菌可重复的稳定出菇。

三是农业资源环境实现可持续利用。化肥农药减施增效成效显著。开展了四川盆地、云贵高原浅山区、广西盆地三大区域旱地主栽粮油作物节水节肥节药生产技术模式研制与大面积示范。研制了免疫诱抗制剂在水稻上防病增产的配套施用技术，对水稻稻瘟病防控效果达 32%，减施化学农药 2 次以上。构建茶园化肥农药减施技术，在核心示范区实现化肥农药减施 25% 以上，茶叶鲜叶增产 8%，平均每亩节本增效 400 元以上；创建了四川柑橘农药减量增效集成技术示范基地并开展核心技术示范，在核心示范区，每年的农药使用次数由 7 ～ 10 次降低到 4 ～ 6 次，农药的使用量减少了 30%，农药的利用率提高了 25% ～ 30%。

四是水产养殖加工取得新进展。鲟鱼高效健康养殖及鱼子酱加工技术达国际先进水平。① 繁育技术实现重大突破，构建了西部地区种类最全、规模最大的鲟鱼亲本库和良繁体系，创新“微创取卵、精准配比、科学脱黏、规模孵化”繁殖技术，打破我省鲟鱼苗种依赖外购的束缚；② 健康养殖取得重要进展，构建了鲟鱼成鱼高效养殖和主要致病菌早期诊断及无抗防控技术体系，性别早期鉴定的日检效率提升 8 倍，准确率≥ 99%；③ 成果转移转化效果显著，研发的“芙思塔”鱼子酱产品通过欧盟和美国 FDA 认证，加工出口鱼子酱超 200 t（全球占比 7%），同时研发副产物产品 10 余个，新增产值 209.3 亿元。

五是蚕桑机械化水平稳步提升。成功开发系列自动化小蚕饲育设备，能够自动进行桑叶饲喂、撒粉消毒，速度较传统方式快 8 ～ 10 倍，提高了小蚕饲育的机械化水平，得到了众多养蚕大户的认可，是当前全国唯一在大面积生产中实际运用的小蚕饲育机械化设备。集成

（二十六）四川省畜牧科学研究院

四川省畜牧科学研究院是一所具有 80 余年悠久历史的公益性研究机构，是西南区域畜牧科技创新中心和人才培养基地。承担了国家重大科技支撑计划、“863”计划、国家自然科学基金、国家农业产业技术体系、省畜禽育种攻关等基础和应用研究课题，在遗传育种、生物技术、饲料营养、疫病防控、健康养殖、生产系统等领域开展畜牧兽医新技术、新产品研究，培养畜牧兽医技术人才，推广现代畜牧生产技术。先后培育出川藏黑猪、大恒 699 肉鸡配套系、蜀兴 1 号肉兔配套系、大恒 799 肉鸡配套系、蜀宣花牛、简州大耳羊、南江黄羊、凉山彝族自治州半细毛羊共 8 个国家审定的畜禽新品种（配套系）。自 1990 年以来共获国家、省部级科技成果奖励 140 项。研发的畜禽新品种、新产品、新成果、新工艺推广覆盖全国 20 多个省（区），为发展畜牧经济和促进农民增收提供科技支撑。

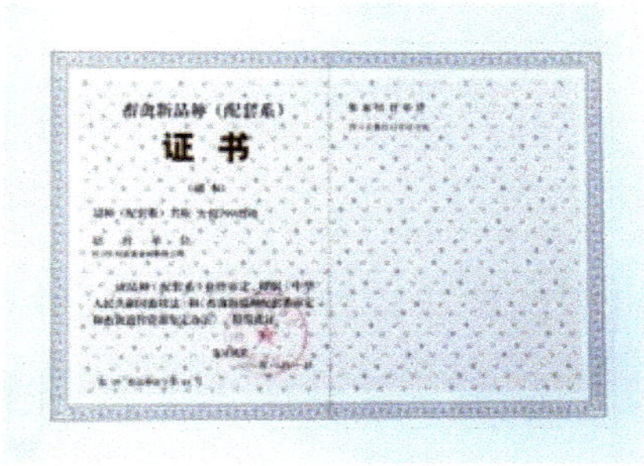

大恒 799 肉鸡配套系通过国家审定

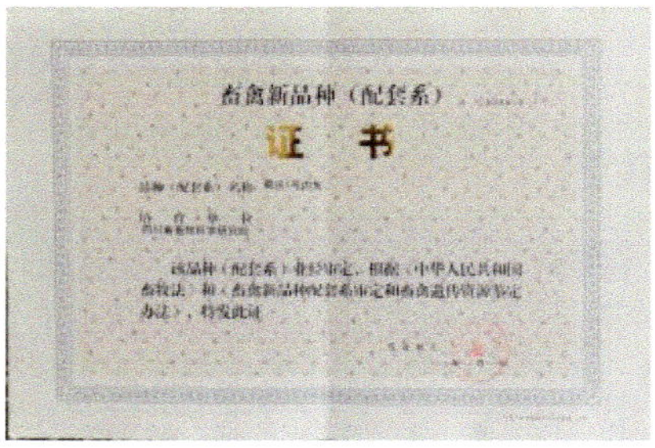

蜀兴 1 号肉兔配套系通过国家审定

1. 科研项目实施取得新进展

2020 年，申报科研项目 73 项，在研科技项目 164 项，结题项目 72 项，完成验收 27 项。畜牧领域关键技术研究方面，优质肉鸡团队开展地方鸡种资源的性能测定、资源特性研究，提出一套基于多性状综合指数选择的平衡育种方案。优质猪团队建立地方猪遗传资源纯度鉴定、种群分类、分子系谱重构的技术体系。草食家畜团队基于区域特色资源构建目标性饲喂软件系统；提出能提高山羊生产性能和免疫能力的饲养方案。肉兔团队研究获得肉兔胚胎发育期的全转录组及功能基因注释等信息，从肉兔胚胎发育不同阶段非编码 RNA 角度解析肉兔胚胎发育的表观遗传调控机制。饲料团队在国内首次研究发酵菜籽粕膨化处理工艺，确定工艺参数，降低菜籽粕中抗营养因子含量。动物营养团队完成饲用酸化剂等 3 项技术被省农业农村厅遴选为 2020—2021 年度农业主推技术。兽医兽药团队构建 PCR 检测方法鉴定到我国首例兔病毒性出血症 2 型，首次获取该病毒全基因组和遗传变异规律。生物技术团队对不同发育阶段、不同品种猪睾丸组织表达谱差异分析，挖掘出与精子生成相关的 circ RNA。畜牧业经济与生产系统团队主持完成“四川省第二次全国农业污染源普查畜禽养殖业产排污系数原位监测”，顺利通过全国第二次全国污染源普查国家验收。

2. 科技创新工作取得新成效

新品种（配套系）培育工作中取得了突破性成果。优质肉鸡创新育种团队通过 9 个世代的遗传选择，培育了我国首个自别雌雄优质肉鸡配套系——大恒 799 肉鸡配套系，获得国家畜禽新品种（配套系）证书；优质肉兔育种团队历经 11 年持续攻关，培育出全省首个具有自主知识产权的肉兔配套系——蜀兴 1 号肉兔配套系，获得国家畜禽新品种（配套系）证书；优质猪育种团队培育的黑色父本新品种“川乡黑猪”，已提交国家畜禽遗传资源委员会审定；牧草新品种“莫妮卡”饲用燕麦、“川畜 2 号”苦荬菜通过了四川省非主要农作物品种认定委员会组织的田间现场审定；此外，还开展了蜀宣花牛、无角牛、肥羔型山羊等新品系（类群）的选育及配套技术研发。全年获科技成果奖励 3 项，其中国家科学技术进步奖二等奖 1 项、四川省科学技术进步奖二等奖 2 项。共获得授权专利 18 件，其中，发明专利 4 件，实用新型专利 14 件；软件著作权 16 项；制定地方标准 10 项；出版著作 3 部；发表论文 134 篇，其中 SCI 收录 57 篇，核心期刊论文 32 篇。以第一作者第一单位发表论文 67 篇，其中 SCI 收录 12 篇，核心期刊 22 篇。

3. 加强平台建设促进成果转化

2020 年，继续推进国家级肉鸡核心育种场建设，按照国家肉鸡遗传改良计划的要求规范育种和各环节操作工艺，完善育种设施设备配套建设；持续推进四川省种猪性能测定中心、四川省级种公猪站和简阳优质猪育种科研基地建设工作；完成肉兔科研基地改造建设。针对非洲猪瘟、Ⅱ型兔瘟等重大动物疫情，制订防控方案，落实防控措施，基地运行良好。在全省建立专家服务站共 238 个。全院依托科研基地、专家服务站和帮扶贫困村，全年转化推广科技成果 19 项；示范推广父母代种鸡 30 余万套，蜀宣花牛冻精 8.8 万余剂以及种猪、种羊、种兔等新品种；建立牧草示范基地 4 个，推广种植优质牧草面积 1 万余亩。

4. 脱贫攻坚注重实效

在广元、绵阳、自贡等 5 个贫困县实施科技扶贫专项 7 项，组织科技人员编写出版了《贫困地区畜禽健康养殖关键技术》，在全省范围内发放 600 余册。选派 6 人到甘孜州雅江、丹巴、新龙、道孚、九龙、理塘 6 个深度贫困县任驻村农技员；3 人作为“深度贫困县科技扶贫万里行”服务团首席专家，赴喜得、布拖、若尔盖等 9 个深度贫困县开展技术帮扶；28 人作为“三区”科技人员，到南江、青川、丹巴等 24 个贫困县开展帮扶。聚焦产业发展突出问题，示范推广种畜新品种、新技术，开展集中培训 70 余次，受训人数 5 000 余人次，发放技术资料 4 000 余册。选派 5 人到蓬安县开展“两不愁三保障”回头看大排查工作；1 人赴遂宁市开展脱贫攻坚普查现场登记督导工作；2 人赴米易县开展脱贫攻坚成效省级验收督导工作。全院职工社会扶贫日捐款 4 350 元。院党委结对帮扶蓬安县伏岭村 3 户贫困户，发放慰问物资共计 3 000 余元。我院被评为四川省科技特派员工作先进集体，4 人获评“科技特派员先进个人”，受到科技厅通报表扬。1 人被评为“2016—2020 年社会服务先进个人”，受到九三学社中央委员会表彰。

5. 产业支撑突显公益

举办“新形势下畜牧业高质量发展学术研讨会”，提出新形势下畜牧业高质量发展实现路径，拟定当前和今后一个时期畜牧业经济领域需研究解决的课题。进一步与乐至、峨边、恩阳、宣汉开展科技合作。根据省农业农村厅生猪复产保供巡回指导、“1+5”督导调研等安排，制订专项工作方案，建立“院领导牵头、部门负责人日常协调、调研组成员蹲点调研”工作机制，全院科技人员赴德阳、绵阳、眉山、乐山等地，参加生猪复产保供，除提交调研数据、工作报告外，还向厅主要领导报送《关于目前亟待解决的制约我省生猪复产保供的两个问题情况汇报》的专报。组织专家编制《非洲猪瘟影响下母猪快速扩繁增量提高生猪产能应急技术措施》，在全省范围内推广应用。第十三届全国人民代表大会代表、四川省决策咨询委员会委员、党委书记、院长蒋小松同志向第十三届全国人大三次会议提出“关于保障农业农村发展用地”等 10 件建议，提交的贯彻实施《中华人民共和国民法典》建议被全国人大官网登载；带领科技人员，深入到南江、石棉等地开展调研，完成“关于全面推动我省小农户和现代农业发展有机衔接的对策建议”的报告，以四川省决策咨询委员会研究成果专报形式报省委、省政府领导。

（二十七）贵州省农业科学院

1. 机构发展情况

贵州省农业科学院有 18 个专业研究所，涵盖粮、油、果、蔬、茶、桑、药、畜牧、兽医、水产、土壤、肥料、植物保护、农业科技信息等 50 余个专业领域。全院现有职工 2 923 人，其中在职职工 1 582 人，研究员 136 人，副研究员 328 人，博士 122 人；享受国务院和省政府特殊津贴专家 61 人，省“十层次”创新型人才 2 人，省“百层次”创新型人才 9 人；二级研究员 15 人，省管专家 19 人；国家现代农业产业技术体系岗位科学家 1 人；贵州省最高科学技术奖励 2 人，国家“有突出贡献中青年专家”1 人，省级人才基地 7 个。已建成 17 个省级农业工程技术研究中心、2 个农业农村部重点学科群野外科学观测试验站、2 个省级重点实验室，拥有 23 个国家现代农业产业技术体系综合试验站，是 12 个省级现代农业产业技术体系首席专家依托单位，国家种质改良分中心 2 个。建有 2 个院士工作站和 1 个院士工作分站，聘请袁隆平、刘旭、邓秀新、傅廷栋、陈焕春、向仲怀、荣廷昭、朱有勇、南志标等院士为驻站院士。在海南三亚和贵州兴义、花溪、独山等地建有科研试验和成果转化示范基地。

2. 科研活动及成效情况

（1）科研项目和成果

2020 年，全院科研项目获批 134 项，合同经费共计 8 359 万元。其中，国家自然科学基金 14 项，经费 513 万元。共获科技成果 14 项，其中，2020 年省科学技术奖 9 项，省农业丰收奖 4 项，中国植保学会科学技术奖 1 项。全年共发表文章 524 篇，其中 SCI/EI 收录 47 篇。出版专著 13 部。审（认）定、登记新品种 49 个，其中，国家品种 5 个。授权、登记各类知识产权 113 件，其中，植物新品种保护 35 件，软件著作权 4 件，发明专利 37 件、实用新型专利 31 件、外观设计专利 6 件。发布标准 33 项，其中，地方标准 29 项，行业标准 2 项，团体标准 2 项。

（2）科研条件与平台建设

2020 年度，植物病虫害生物学国家重点实验室贵州研究中心已初步建成；贵州省国家农作物品种测试站已经建成并通过验收，该平台作为贵州省及我国西南地区农作物品种测试的试验平台，将为全省主要农作物新品种审定、引进提供区域试验和特性鉴定，为农作物新

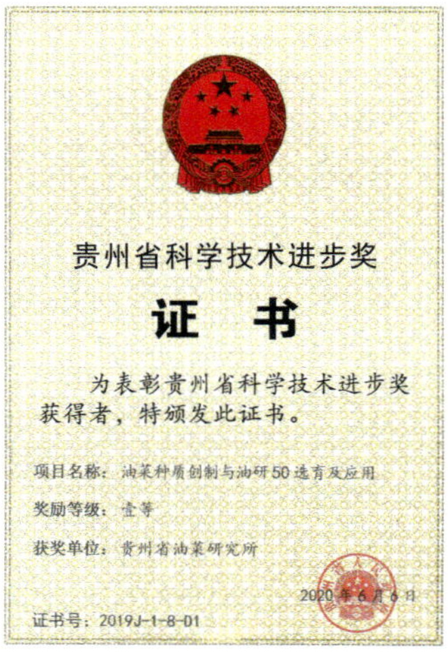
贵州省科学技术进步奖

证 书

为表彰贵州省科学技术进步奖获得者，特颁发此证书。

项目名称：油菜种质创制与油研 50 选育及应用

奖励等级：壹等

获奖单位：贵州省油菜研究所

2020 年 6 月 6 日

证书号：2019J-1-8-01

2019 年贵州省科技进步一等奖

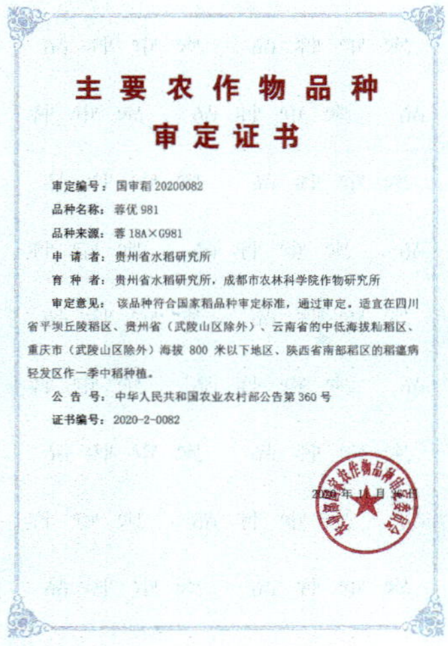
主要农作物品种

审定证书

审定编号：国审稻 20200082

品种名称：蓉优 981

品种来源：蓉 18A×G981

申 请 者：贵州省水稻研究所

育 种 者：贵州省水稻研究所，成都市农林科学院作物研究所

审定意见：该品种符合国家稻品种审定标准，通过审定。适宜在四川省平坝丘陵稻区、贵州省（武陵山区除外）、云南省的中低海拔籼稻区、重庆市（武陵山区除外）海拔 800 米以下地区、陕西省南部稻区的稻瘟病轻发区作一季中稻种植。

公 告 号：中华人民共和国农业农村部公告第 360 号

证书编号：2020-2-0082

2020 年 11 月 [illegible] 日

国审水稻蓉优 981

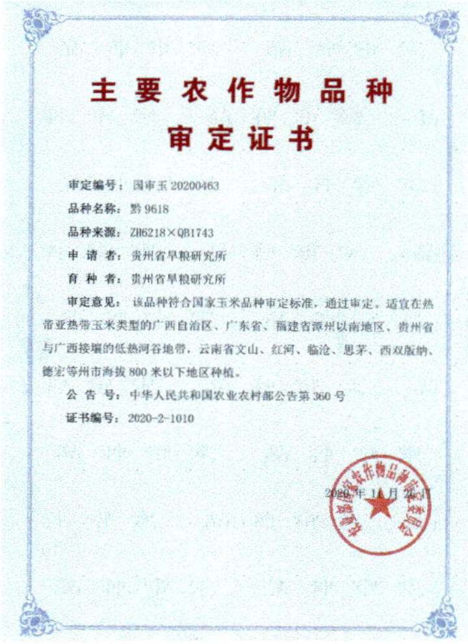
主要农作物品种

审定证书

审定编号：国审玉 20200463

品种名称：黔 9618

品种来源：ZH6218×QB1743

申 请 者：贵州省旱粮研究所

育 种 者：贵州省旱粮研究所

审定意见：该品种符合国家玉米品种审定标准，通过审定。适宜在热带亚热带玉米类型的广西自治区、广东省、福建省漳州以南地区、贵州省与广西接壤的低热河谷地带，云南省文山、红河、临沧、思茅、西双版纳、德宏等州市海拔 800 米以下地区种植。

公 告 号：中华人民共和国农业农村部公告第 360 号

证书编号：2020-2-1010

2020 年 11 月 [illegible] 日

国审玉米黔 9618

品种推广应用提供科学依据；新建成的黔西种公牛站年产优质冻精 120 万支的现代化种牛冻精生产线，可为“中国和牛－贵州黄牛”品牌打造提供优质种源支撑；新建成的省草业研究所威宁干草料加工中心，充分利用威宁干湿两季分明的气候特点，通过自然干燥和人工干燥相结合的方法，建立本地生产饲草干草料模式，缓解牛羊产业对干草料的缺口，助推牛羊产业提质增效。“名特优新农产品全程质量控制技术研究中心贵阳分中心”成功获批；省农业科技创新联盟挂牌成立；搭建“云端数据＋肥料农资服务＋农田信息大数据服务”为全省耕地资源、地方土种建立了数据库；建成了贵州省农作物种质资源信息管理平台、农业农村部贵州耕地保育与环境科学检测试验站等科研平台，为科研主业提供了坚强组织保障。积极主导和推进贵州省作物种质资源库建设，目前已获贵州省发展和改革委员会立项批复。积极推进在湄潭县永兴镇建设现代山地特色高效农业科研试验示范基地。强力推进全省不同生态农业试验示范基地建设。

（3）科研进展

高效种养技术创新和推广得到进一步提升，集成创新多项农业新技术、新模式推广应用取得成效。选育的“密油 150”等多个高产优质油菜新品种，在长江流域 13 个省份累计推广 4 283.1 万亩，经济效益达 62.6 亿元。创建的“三季四收”“321”蔬菜周年高效生产模式在全省推广成效显著，尤其在威宁县“三白”产业发展中取得显著经济效益。首创的白及“马鞍型”驯化苗和高产栽培专利技术，每年驯化优质苗 1 亿株，已发展近 2 万亩白及生态种植基地，有效解决了育苗难的产业发展瓶颈。研究集成的我省中高海拔地区早熟马铃薯栽培技术，应用成效显著，可增产 50% 以上。研发的红托竹荪液体菌种高效繁育和菌棒化栽培技术，菌种生产周期由 1 年缩短到 6 个月内，栽培周期由 18 个月缩短到 6 个月内，菌材转化率由不足30%提高到50%以上，种植效益增加30%以上。研发的机械化轻简化栽培技术和稻鱼绿色共生技术，实现“一田多收、一水多用”。通过鲟鱼等鱼苗繁育和养殖技术创新，助推我省鲟鱼养殖年产量超1.4万t，位居全国第二。新建成年产贵州黄牛优质冻精120万支的现代化种牛冻精生产线，为“贵州黄牛”品牌打造提供优质种源支撑。加强农业种质资源保护和利用工作，推动种质资源库和畜禽遗传资源基因库建设。智慧农业建设稳步推进，火龙果、百香果、猕猴桃、蓝莓等水果产业实现遥感监测；“稻+”模式推广取得成效；科技支撑望谟杧果、册亨香蕉、贞丰百香果等热带果树产业取得显著成效。搭建“云端数据+肥料农资服务+农田信息大数据服务”为全省耕地资源、地方土种建立了数据库。

（4）人才学科发展

2020年，在原有人才基础上，新晋升研究员22人，副研究员、中级、初级职称121人；通过绿色通道引进高层次人才21人，其中博士3人，急需紧缺硕士18人；新建创新人才团队2个。果树、牧草、食用菌、蔬菜、特色粮油、中药材、特色林业7个专业领域的83位专家成为贵州省非主要农作物和食用菌认定专家库专家；68位专家入选第一届贵州省非主要农作物和食用菌品种认定专家委员会，3人获2020年省政府特殊津贴，3人获第九批省管专家称号。

果树所选育——免人工授粉火龙果新品种黔红

黔冬荪1号

（5）对外合作交流

为了在农业领域“面对人民生命健康”，2020年，我院积极与农业农村部有关司局沟通汇报，与江苏农业科学院等协商，组织申请在我院成立了“国家名特优新农产品全程质量控制技术研究中心贵阳分中心”，以保障高品质农产品生产，目前已经获得农业农村部批准。亲自主导并联合全省9个市州农科院（所）和部分涉农高校，以及龙头企业组建了贵州省农业科技创新联盟，整合全省农业科技资源为农业产业高质量发展提供科技保障。积极推动了与遵义市政府联合共建贵州省农业科学院（遵义）科技研发创新中心，挂牌成立辣椒制品石阡研发中心，打造区域性具有代表性的现代农业科研平台。对外合作不断深入，成功加入长江农业绿色发展联盟。

（6）科技扶贫和科技成果转化推广

一是科技支撑精准脱贫与乡村振兴。全院石阡同步小康驻村工作队 11 人，按照贵州省委“同步小康”工作部署，工作队充分利用我院的人才、技术、信息和资源优势，推动石阡苔茶、中华蜂、精品水果、蛋鸡等产业快速发展，助力石阡山地农业转型升级，积极开展辣椒种植生产技术指导和培训服务，助推石阡蜂产业从无到有，总结出“石阡发展村集体经济的 321 ”经验，提出“黑膜覆盖、幼龄茶园套种”技术，树立贵州“杜仲鸡蛋”品牌，帮助建立青贮玉米示范种植基地 5 个，累计种植规模 2 000 余亩，为当地群众创造就近务工增收 100 余万元等；帮助企业申报获批科技项目 1 个，解决技术问题 45 个，技术服务 213 人次，培训农民 550 人次，发放技术资料 1 000 余册。工作队共有 1 人获得贵州省省级脱贫攻坚表彰，1 人获得市县表彰。

严格落实“四个不摘”要求，2020 年，全院共选派 267 名科技特派员覆盖全省 9 个市（州）62 个县（市、区）242 个乡镇开展工作，与 658 个（贫困）村、251 个坝区、710 个企业、合作社建立了联系；开展调研 3 546 次，技术咨询 6 897 次，技术培训 1 752 次，其中讲授“科技课堂”577 次，累计培训科技人员及农民或咨询服务 4 万人次，撰写技术方案 244 个，解决技术难题 1 568 个，培养农户成为致富带头人 419 人，发放培训资料 2 万余份；固定帮助企业、合作社 531 个，帮助 1 272 户农户产业发展，协办示范合作社或企业 97 个，领办、创办企业或合作社 11 个，帮助地方申报项目 138 项，帮助地方协调（申报）项目经费 1 亿万元，免费提供种子、化肥、农药等支助慰问涉及金额 145 万元；在服务地实施项目 233 个，实施项目涉及经费 2 亿元，示范推广新技术、新品种 1 044 项，推广面积 20 万亩、水产养殖优质苗种 70 万尾、家禽养殖优质品种 27 万羽、家畜养殖优质品种 1.6 万头（只），涉及农户 1.5 万户；媒体宣传报道脱贫攻坚工作 472 篇（次），其中央视等国家级媒体报道 27 篇（次），省级媒体报道 155 篇（次）。

二是成果转化与科技服务快速发展。示范推广茶叶、油菜优良品种及先进实用技术 171.24 万亩；示范推广优质稻种、玉米、马铃薯 75.3 万亩，示范推广蔬菜 1 万亩，示范推广牧草 2 万亩、畜禽 11.6 万羽（只、头）、优质鱼苗 140 万尾，2020 年，全院各研究所成果转移转化共 101 项，成果转化收入 1 495.95 万元，金农公司作为院科技成果转化重要平台，实现销售额 2 700 万元，生产销售三杂种子 60 万 kg，销售各类农作物种子 250 万 kg，其中新增销售马铃薯种子 120 万 kg，大豆种子 20 万 kg，薏仁米 11 万 kg。金农辐照公司作为院科技服务企业，2020 年为省内外药业、食品加工企业等辐照货物 1 863.22 t，其中辐照中成药 1 596.18 t，辐照食品 233.12 t，其他货物（医疗器械、包材）33.92 t，新冠肺炎疫情期间辐照防护服 55 250 套。为我院下属研究所辐照试验样品、种子等 100 余次。

（二十八）云南省农业科学院

1. 机构发展情况

云南省农业科学院是云南省人民政府直属的综合型公益一类农业科研机构。下设粮食作物、农业环境资源、园艺作物、经济作物、生物技术与种质资源、农业经济与信息、花卉、质量标准与检测技术、药用植物、农产品加工、国际农业、茶叶、甘蔗、热带亚热带经济作物、高山经济植物、热区生态农业、蚕桑蜜蜂 17 个研究所。

云南省委书记陈豪一行到我院调研指导

2. 科研活动及成效情况

（1）科技创新支撑能力不断增强

2020 年，全院新增科技专项合同无偿经费 1.82 亿元，到位科技经费 1.79 亿元；获省部级科技成果奖励 19 项，其中二等奖以上成果 12 项，创历年新高；审（认）定、登记农作物新品种 77 个；获专利、植物新品种权 177 件（项）；审定（发布）标准 33 项；发表各类科技论文 641 篇，其中 SCI、EI 等论文 104 篇；出版专著和技术手册 30 部（册）。12 个作物品种和 8 项技术被推介为云南省 2020 年主导品种和主推技术，入选品种及技术占全省推介品种及技术的 25%。重大绿色科技创新行动稳步推进，从国家生物安全和战略性资源高度，实施种质资源保护利用和种业支撑行动，成立院农业绿色发展创新中心，加强跨境农业有害生物安全防控研究，推动形成可复制可推广的农业绿色发展病虫害防治典型模式。持续发挥我院在“澜湄合作农业科技交流协作组”“大湄公河次区域农业科技交流合作组”“中国－南亚农业科技交流合作组”等区域农业科技合作中的主导地位和引领作用。

（2）科技成果转化服务水平持续提升

创新机制促进科技成果转化，筹备组建科技服务中心，鼓励多种形式进行成果转化，规范关联企业管理，推动科企合作健康发展。成立 23 个产业扶贫技术专家组线上线下开展科技服务，派出科技人员 1 500 余人次，推广新品种、新技术 102 个（项），培训基层农技骨干 2 万余人，建立综合科技扶贫示范区 30 个。组织“抗疫情　促春耕　夺丰收”线上服务，与新华社联合录播并专题开展线上培训18场，与新华网联合策划《战疫情促春耕》《抗旱保春耕》等系列报道，浏览量累计超过1 200万，获得新华社总社通报表扬。持续巩固拓展挂联点脱贫攻坚成果，景谷县定点扶贫工作连续5年考核获评第一等次“好”，1人获全国脱贫攻坚先进个人表彰并参加全国脱贫攻坚总结表彰大会。实施乡村振兴科技支撑行动，为全省56个乡村振兴示范点提供技术支撑，帮助腾冲市清水乡三家村、宁蒗县永宁镇等制定了乡村振兴发展规划，推荐农业农村部科技引领示范村镇典型模式4个。

（3）干部人才队伍建设成效明显

截至2020年底，有在职职工1 652人，其中专业技术人员1 350人，具有高级职称人员714人，博士131人，硕士612人；国家百千万人才工程、科技创新领军人才、国家中青年科技领军人才、全国农业科研杰出人才共8人；国家“有突出贡献中青年专家”、国务院政府特殊津贴专家31人，全国和省部级劳模30人，省“有突出贡献中青年专家”、省政府特殊津贴专家61人；省“兴滇人才”奖1人，省“科技领军人才”和“云岭学者”共7人，“产业技术领军人才”32人，“青年拔尖人才”16人、青年人才2人，首席技师1人，省级中青年学术技术带头人和技术创新人才154人。2020年获国务院政府特殊津贴专家1人、省“有突出贡献中青年专家”2人、省政府特殊津贴专家3人；引进高层次创新创业团队2个、专家工作站3个；入选省创新团队培育对象1个、云岭学者1人、产业技术领军人才1人，首席技师1人，青年拔尖人才7人，省两类人才培养对象入选9人。全院32名专家担任国家现代农业产业技术体系岗位科学家和综合试验站站长，占云南国家岗位科学家数的75%；55名专家担任省农业产业技术体系首席科学家、岗位专家和试验站站长，其中首席科学家占全省总数的70%。

（4）科技合作交流不断深化

高度重视国际农业科技合作，主动服务融入国家“一带一路”倡议，支撑高原特色现代

茶树新品种——云茶普蕊

农业发展。我院与 40 多个国家、近 20 个国际组织建立了紧密合作关系，倡导成立了 10 多个跨境农业科技交流合作平台，形成了 10 个国家（省）级引智成果示范推广基地。牵头成立的“中国 – 南亚农业科技交流合作组”和包括 13 个国家、37 家企业（单位）的“南亚东南亚农业科技走出去创新联盟”，在农业科技走出去特别是重大病虫害监测防控上发挥了重要作用。2020 年，针对南亚、东南亚国家发生严重威胁我省的重大迁飞性害虫（如沙漠蝗、草地贪夜蛾和黄脊竹蝗等）成灾问题，加强跨境有害生物安全防控研究，推动形成可复制可推广的农业绿色发展虫害防治典型模式，培训基层一线技术骨干 1 000 余人次，技术应用面积达 180 万亩，防控效果达 90% 以上，为助力“绿色食品牌”打造和构筑外来生物入侵安全屏障提供了技术支撑。牵头的南亚东南亚农业科技交流合作组织，为我国引进种质资源 6 200 份，丰富了作物品种改良种质基因库。我院在大湄公河次区域农业科技合作中的主导地位、在中国 – 南亚农业科技合作中的引领作用，主动服务融入国家“一带一路”倡议的能力、作用进一步彰显。

（5）科研条件平台建设稳步推进

争取到中央预算投资 3 217 万元。投资近 4 000 万元的茶叶研究所科研实验楼项目竣工投入使用。完成院科研实验大楼环评验收和项目竣工决算审计整改工作。嵩明科研基地、勐海茶叶科研基地不动产权证已全部办结，被农业农村部评定为国家现代农业示范展示基地。加强全院科研实验基地规划建设 , 打造符合现代科研院所要求和立体农业特色的综合试验基地。加快推进公共实验室建设，研究制定大型科研仪器设备共享办法，推动构建条件平台共建共享新格局。

（二十九）云南省畜牧兽医科学院

1. 机构发展情况

云南省畜牧兽医科学院创建于 1959 年，是云南省专门从事畜牧兽医科学院研究的公益类农业科研机构，隶属于云南省农业农村厅。云南省畜牧兽医科学院以“立足云南、服务全国、面向东南亚、走向世界”为发展宗旨，针对国家和云南畜牧业发展中存在的科学问题和产业需求，开展与畜牧业发展和动物疫病防控相关的基础研究和应用基础研究，进行技术创新、技术集成、试验示范，同时开展科技服务，承担国际合作和人才培养等任务。

2. 科研活动及成效情况

2020 年，共承担国家、省部级和国际合作项目 48 项，包括国家重点研发计划项目 9 项、国家自然科学基金项目 7 项、省重点研发计划 3 项、省基础研究计划项目 7 项、国家现代农业产业技术体系项目 2 项、省人才和平台计划项目 7 项、其他 13 项。内容涉及畜禽新品种（系）培育、种质资源创新及应用、动物营养需要量研究、动物疫病研究和畜禽养殖废弃物资源化利用等。

（1）重要研究进展

一是在畜禽新品种（系）培育方面，完成迪庆藏猪核心群选育技术标准方案的编写，指导相关企业进行选育，总存栏数达到 1 242 头。开展正在培育的飘香猪（暂定名）24 头的屠宰测定试验。黄山羊新品种培育杂交群已达 2 168 只，与龙陵黄山羊相比公羊的断奶重、6 月龄重、12 月龄重分别提高 28.61%、22.30% 和 24.91%；母羊的断奶重、6 月龄重、12 月龄重分别提高 30.04%、28.83% 和 29.94%，杂交优势显著。建水黄褐鸭新品系培育工作中，组建了二世代三个绿壳纯种小家系、三个白壳纯种小家系、12 个黄褐鸭纯种小家系，初步形成建水黄褐鸭的四世代保种核心群。

二是在畜禽种质资源创新及应用方面，完成虾青素在猪卵母细胞体外成熟及玻璃化冷冻保存中的作用研究、体细胞克隆胚胎早期阶段玻璃化冷冻保存研究、体细胞克隆胚胎玻璃化冷冻后体外发育过程中 mRNA 转录组解析、猪 GV 期卵母细胞玻璃化冷冻后体外成熟的 microRNA 解析、玻璃化冷冻猪 MⅡ 期卵母细胞的孤雌激活方法优化、藏猪 ADFP 和 FATP1 基因多态性及其相对表达研究等研究工作。开展了云上黑山羊基因身份证开发，构建基因（SNP）鉴定技术模型，并对模型进行不断优化，获得具有检测流程简单、易操作，周期短等特点的云上黑山羊基因身份证产品。在云上黑山羊多羔性状分子遗传基础研究方面，完成847只母羊参考群组建，全部完成血样采集，并完成对产羔性状表型值测定、收集工作。在山羊精液脂肪酸特征及其与精子冷冻敏感性的关系研究方面，通过质谱分析共得到41 949张新鲜组、平衡组和冷冻组精子蛋白质组的二级谱图，鉴定17 497条肽段，基于代谢组和蛋白质组分析结果发现，山羊精子冷冻损伤主要来源于低温平衡阶段。

三是在动物营养需要量研究方面，开展的云南半细毛羊妊娠期蛋白质需要量研究，结果表明云南半细毛羊妊娠前期、中期和后期维持净蛋白质需要量分别为2.423 g/(kg W0.75・d)、2.579 g/（kg W0.75・d）和2.365 g/（kg W0.75・d)。开展的云南半细毛羊哺乳期的蛋白质需要研究，结果表明云南半细毛羊哺乳前期、中期、后期的维持粗蛋白需要量分别为4.73 g/（kg W0.75・d)、4.84 g/（kg W0.75・d）和4.81 g/（kg W0.75・d)，每产1 kg羊奶需要摄入粗蛋白分别为259 g、297 g、371 g。

四是在动物疫病研究方面，在云南边境地区共采集并进行口蹄疫病毒核酸检测牛OP液样品3 964头份，采集并进行口蹄疫病毒O型、A型、Asia-1型和非结构蛋白抗体检测牛血清样品43 01头份和猪血清样品800头份，完成8份口蹄疫核酸阳性样品的鉴定；开展了口蹄疫型特异性反转录环介导等温扩增技术（RT-LAMP）研究；撰写完成西南边境地区动物跨境移动模式及处理方式报告。开展了生猪、奶牛和肉羊主要动物疫病净化工作，优化了动物疫病监测和净化技术方案5套，集成、优化或新建动物疫病诊断检测方法21种，在9个畜禽疫病监测与净化实验示范场采集样品4 000多份进行检测，分离细菌111株。开展了家禽和野鸟主要疫病监测和病原变异分析，分析了4株H9N2禽流感病毒的全基因组序列，从分子水平掌握了野鸟和家禽H9N2禽流感病毒遗传特性，为野鸟和家禽H9N2AIV相关性提供了理论数据。

五是在动物虫媒病研究方面，完成非洲马瘟病毒（AHSV）和鹿流行性出血病病毒（EHDV）荧光可视化PPRV RT-LAMP检测方法的建立和PPRV、AHSV、BTV-8、EHDV多重普通及实时荧光定量RT-PCR方法的建立，为快速检测PPRV、AHSV、BTV-8及EHDV提供了技术支持。开展的AKA、IBA、CHU抗体竞争ELISA检测方法研究，在国内首次建立了EHDV血清型特异性RT-PCR方法并在分离EHDV毒株血清型鉴定上开展应用。通过Seg-2与Seg-6的重配，获取了蓝舌病血清型与增殖特性发生改变的基因重配毒株，研究结果为BTV基因重配致病毒变异，新型基因工程疫苗的研究提供了基础。利用重组酶聚合酶扩增（RPA）与侧流试纸（LFD）检测技术相结合建立了流行性出血病病毒（EHDV）和帕利亚姆病毒（PALV）的检测技术，实现了3 h内对血液样本中上述2种病毒的共同快速检测。建立了EHDV血清型特异性RT-PCR方法及其在我国分离EHDV毒株血清型鉴定上的应用。

六是在畜禽养殖废弃物资源化利用研究方面，开展水虻幼虫蛋白对肉鸡生长性能影响试验，以黑水虻幼虫粉替代肉鸡铁日粮中的部分豆粕对肉鸡生长及抗病性具有较好的效果，添加 15% 水虻幼虫粉效果最优。开展水花生、水白菜、空心菜、水葫芦、狐尾藻 5 种水生植物对养殖污水净化效率对比试验，探索不同水生植物对养殖污水净化效率的差异，结果显示，狐尾藻、水葫芦、空心菜具有较高的净化效率，可作为养殖污水净化的首选物种。

（2）科研条件

建有国家口蹄疫专业实验室（昆明）、云南国家外来动物疫病诊断实验室、农业农村部动物疫病病原生物学西南科学观测试验站、云南省热带亚热带动物病毒病重点实验室、云南省面向南亚东南亚跨境动物疫病防控技术研发合作基地、云南省种猪性能测定站、云南省种猪质量检验测试中心、云南省肉羊工程技术研究中心、云南省畜禽遗传资源保护和种质创新工程实验室 9 个科研平台。正在开展云南省畜禽遗传资源基因库的建设。

（3）科技成果

“云南边境动物跨境流动与口蹄疫传入风险监测”科技成果获全国农牧渔业丰收奖一等奖 1 项，完成“云南亚洲 1 型口蹄疫兔化弱毒疫苗减毒机理研究”科技成果鉴定；发表论文 117 篇，其中 SCI 论文 14 篇、北大核心论文 52 篇，出版专著 3 部；申请专利 16 项、其中发明专利 5 项，授权发明专利 1 项；制定地方标准 2 项；申报软件著作权 9 项，授权软件著作权 4 项。

（4）学科发展

围绕动物遗传育种、动物营养、疫病防控，畜禽废弃物资源化利用等学科，系统开展畜禽新品种（系）培育、动物营养需要与饲养标准研究、标准化养殖技术研究、动物疫病流行病学调查与诊断方法研究、兽用生物制品开发与应用、畜禽养殖废弃物处理及利用等研究与推广示范。力争到“十四五”末，使畜禽遗传育种、媒介及相关病毒研究达到国内领先、国际一流水平。

（5）对外合作交流

多年来与中国科学院、中国农业科学院、清华大学、中国农业大学、四川农业大学、云南农业大学、联合国粮农组织（FAO）、世界动物卫生组织（OIE）、大湄公河次区域国家、澳大利亚、英国、南非等国内外科研机构、高校和国际组织建立了广泛的项目合作和人才培养关系。“十三五”以来累计培养越南、老挝、缅甸等大湄公河次区域国家兽医技术人员 113 名。

（6）科技扶贫和科技成果转化推广

围绕“十四五”期间盐津县乌骨鸡产业发展的科技需要，与盐津县人民政府签署《盐津乌骨鸡全产业链技术战略合作框架协议书》，在养殖科技服务、人才培养等方面提供技术支撑；充分利用“三区科技人才”项目、国家和省现代农业产业技术体系等项目，通过科技培训、技术指导、技术服务、发放技术资料和录制技术小视频等方式，为全省的畜禽养殖业和产业扶贫提供种、料、管、防全方位的科技支撑。编写并发放畜禽养殖及疫病防控技术手册 12 册 2 300 余份，录制了畜禽养殖技术及主要疫病防控小视频 7 个，上线学习人数超 1 万人次；组织 60 ～ 80 人次到全省各县举办 100 余期培训，受训专业技术人员和养殖户 10 000 余人次，内容涉及主要动物疫病防控技术、畜禽遗传改良技术、畜禽饲草料开发利用及营养供给技术、畜禽标准化养殖技术、养殖废弃物资源化利用等；派出 200 余人次到基层养殖场开展技术服务与指导；接收来自各地的养殖场（户）及企业到核心试验示范基地参观学习 2 000 余人次。

云南省畜禽遗传资源基因库揭牌

云南省畜牧兽医科学院与昭通市盐津县签订战略合作框架协议

（三十）西藏自治区农牧科学院

1. 机构发展情况

西藏自治区农牧科学院成立于 1981 年，其前身为 1952 年自治区成立的拉萨七一农业科学技术试验场。院机关设有 6 个职能处室，下辖 8 个研究所。

2. 科研活动及成效情况

（1）科研项目与经费方面

2020 年，全院共落实各级各类科研项目、课题 133 项，年度科研经费为 1.16 亿元。其中国家级项目 3 095 万元，自治区级项目 8 532 万元。

（2）重要研究进展

青稞新品系“13-5171-7”取得重大进展，产量潜力每亩 400 kg 左右，有望成为全区下一个主推品种；“藏青 16”“藏青 17”“藏青 18”“藏青 21”获得国家植物新品种权保护受理。培育的“雪域白鸡”通过国家畜禽新品种审定，被列入《国家畜禽遗传资源品种名录（2021 年版）》；阿旺绵羊遗传资源通过国家畜禽遗传资源委员会专家组现场鉴定；牦牛种质资源保护与基因技术开发研究取得积极成效；野血牦牛繁育科研工作加快推动；娟姗牛纯种繁育大力推进；畜禽疫病防控技术研究稳步推进。引进并集成示范了设施蔬菜无土栽培、立体栽培、绿色高效栽培等技术，攻克羊肚菌人工栽培技术；初步掌握了全

青稞新育成品种（系）13–5171–7 田间长势

雪域白鸡（拉萨白鸡）公鸡

雪域白鸡（拉萨白鸡）母鸡

区果树病虫害种类及主要果树病虫害发生规律；开展青稞、蔬菜、畜禽、茶叶等特色农畜产品风险因子检测 10 万余个。实现了高海拔牧草“一年两收”套复种；形成了针对海拔 4 300 m 以上多年生人工草地退化修复建植模式。累计放流各类土著鱼类 191.41 万余尾。开发青稞营养米、高 γ- 氨基丁酸青稞酒等新产品 10 种。参与了第二次青藏高原综合科学考察工作。在“第三次全国农作物种质资源普查与收集行动”中，完成 5 个县的系统调查和 36 个县（区）的普查与征集工作。

（3）科研条件

全院现有省部共建青稞和牦牛种质资源与遗传改良国家重点实验室 1 个，西藏自治区农口院士专家协同创新中心 1 个，拉萨国家农业科技园区 1 个，国家农作物改良中心 1 个，国家科技基础条件子平台 5 个，农业农村部重点实验室 2 个，野外科学观测站 3 个，农业农村部现代农业产业技术体系岗位科学家 5 人，综合试验站站长 14 人。

“省部共建青稞和牦牛种质资源与遗传改良国家重点实验室学术委员会”
2020 年度会议在甘肃兰州召开

（4）科技成果

2020 年，全院获得自治区科学技术奖 4 项。制定地方标准 8 项。全年发表论文 269 篇，其中 SCI 论文 38 篇、核心期刊 77 篇、中文期刊 148 篇；出版书籍 6 部。授权专利和软件著作权 107 项，其中国家发明专利 12 项、实用新型专利 81 项、软件著作权 14 项。

（5）学科发展

2020 年，全院设置了 8 个学科集群 18 个优势学科，3 个国家级重点领域的科研创新团队和 8 个院级重点创新团队。

（6）对外合作交流

2020 年，科技部副部长徐南平院士、中国工程院副院长邓秀新院士、中国农业科学院副院长王汉中院士，中国科学院遗传与发育生物学研究所等 10 个科研院所（校）的专家、学者、教授莅临我院访问、考察、交流，为我院科技创新带来了新思路、新方法。与西藏大学签订《院校科教协同创新框架协议》，共同推进涉农专业博士、硕士研究生联合培养。“援尼泊尔北部山区农业技术合作项目”进展顺利。

（4）科技成果

荣获陕西省科学技术进步奖一等奖 4 项，陕西省自然科学奖一等奖 1 项；以第一署名单位发表高质量论文 3 195 篇，其中 ESI 高被引论文 215 篇，较上年增长 23.6%；审定登记农林新品种 59 个，较上年增长 42.9%；审定国审新品种 12 个，其中小麦新品种 6 个，为国家粮食安全再作新贡献；授权专利 543 件，其中发明专利 124 件，较上年增长 14.8%；制定国家、省部、行业标准 11 个；咨政报告《疫情对农民工返城复工影响评估及建议》得到李克强总理批示，《农作物重大病虫害防控存在的问题及建议》等 4 项建议被陕西省政府采纳。

（5）学科发展

现有 7 个国家重点学科和 2 个国家重点（培育）学科；农业科学、植物学与动物学、工程学、环境科学与生态学、化学、生物学与生物化学、药理学与毒理学、分子生物学与遗传学、微生物学 9 个学科进入 ESI 全球学科排名前 1%，农业科学、植物学与动物学 2 个学科进入 ESI 前 1‰之列。在上海软科世界一流学科排名中，农学学科居全球第四位，在 US.News 世界大学排名中，农业科学居全球 11 位。

（6）对外合作交流

我校获教育部批准，加入上海合作组织大学（简称“上合大学”），成立上合现代农业发展研究，依托我校旱区逆境生物学国家重点实验室与土耳其、俄罗斯、哈萨克斯坦等国农业科教单位组建上合国际联合实验室。丝绸之路农业教育科技创新联盟影响持续扩大，吸纳 5 家新成员入盟，增加到 17 个国家 90 家单位，举办了国际产学研用合作会议、中国陕西省 – 白俄罗斯莫吉廖夫州教育经贸合作交流会。海外农业示范园建设取得实效，在吉尔吉斯斯坦示范园种植的红富士、嘎拉等品种达到亩产 300 kg 以上；政策研究和智库建设取得阶段性成果，持续推进国别区域研究中心及南南农业合作学院建设，完成《2020 中国旱区农业技术发展报告》等。

（7）科技扶贫

升级“三团一队”智力帮扶模式，选优配强 35 名研究生助力团、500 余名专家教授、58 个党支部全面助力打赢脱贫攻坚战。编制陕西省合阳县“十四五”农业农村现代化建设发展规划及创建全省乡村振兴先行区实施方案，引入新品种 66 个，推广新技术 30 项，加快合阳县乡村振兴示范县建设。牵头成立 47 所高校“农林扶贫联盟”。我校“研究生助力团脱贫攻坚的探索与实践”入选教育部典型项目，中央教育工作领导小组内参和国务院扶贫开发领导小组简报推介学校扶贫工作经验与做法。

（8）科技成果转化推广

完成学校可转化成果库建设。2020 年共签订转化合同 28 项，合同金额达 1 820 万元，到账金额 1 088.92 万元，较 2019 年增长 27%。苹果新品种“瑞香红”以 1 100 万元许可苗木生产经营权，再创学校科技成果转化价格新高。组织筹备了第 27 届杨凌农高会、科技成果招商推荐会等线上线下推介活动 23 次，发布推介科技成果累计 400 余项。

赵政阳教授团队培育的“瑞香红”苹果新品种苗木生产经营权转让仪式

（三十二）甘肃省农业科学院

1. 机构发展情况

甘肃省农业科学院始建于 1938 年，是甘肃省政府直属的综合性农业科研事业单位，实行省财政一级预算，研究所为二级法人单位。现设作物研究所、马铃薯研究所、小麦研究所、旱地农业研究所、生物技术研究所、土壤肥料与节水农业研究所、蔬菜研究所、林果花卉研究所、植物保护研究所、农产品贮藏加工研究所、畜草与绿色农业研究所、农业质量标准与检测技术研究所、经济作物与啤酒原料研究所、农业经济与信息研究所 14 个研究所、8 个职能处（室），在张掖、武威黄羊镇、兰州市榆中县设有 3 个试验场。现有在职职工 860 人，其中有硕、博士 304 人，高级专业技术人才 361 人。入选国家百千万人才工程 3 人、国家级优秀专家 3 人、省优秀专家 13 人、省领军人才 38 人；享受国务院政府特殊津贴专家 38 人、省科技功臣 1 人、陇人骄子 2 人、博士生导师 8 人、硕士生导师 42 人。

2. 科研活动及成效情况

（1）科学研究课题及成果产出

新上项目 120 余项，项目合同经费 1.72 亿元，其中科技创新经费 7 400 万元，全年通过结题验收项目 96 项，完成省级科技成果登记 50 项，通过国家和省级主管部门审定（登记）的品种 8 个。组织推荐 2020 年国家科学技术奖 1 项、省科学技术进步奖 19 项，神农中华农业科技奖 4 项。获得国家科学技术进步奖二等奖 1 项（协作）、省科学技术进步奖二等奖 7 项、三等奖 5 项。获全国农牧渔业丰收奖 7 项，其中一等奖 2 项、二等奖 4 项、三等奖 1 项。获授权国家发明专利 23 项、实用新型专利 41 项，计算机软件著作权 27 项，品种保护权 5 项，外观设计专利 6 项；颁布实施技术标准 17 项；在各类期刊发表学术论文 370 篇，出版专著 5 部。

（2）重要研究进展

一是加强种质创制与新品种选育，做强种业“芯片”。加快种质资源精准鉴定，完成玉米、大豆、糜子、青稞等作物 800 余份种质资源抗逆性鉴定，筛选出抗旱、耐盐、抗倒等资源 309 份。获得早熟菜用型和高淀粉、彩色马铃薯新组合 129 个；利用 EMS 诱变和快中子诱变等方法，获得大豆高油、高蛋白株系 31 份，创制出高油、高亚麻酸、高木酚素等优异种质 1 650 余份；获得蔬菜优良单系材料 300 多份，创新了一批高品质甜瓜材料。筛选出多棱和二棱青稞及勾芒大麦新种质 47 份，早熟抗倒宜机收资源 28 份，收集板蓝根、半夏种质资源 25 份。鉴选出牛肉面专用小麦品系 20 个、高蛋白饲用大麦新品系 13 份以及宜机收玉米、小麦、油菜等作物新品系 15 个，培育出草莓、苹果树种优系各 1 个。利用小麦 90K 芯片鉴定出 17 个抗条锈病基因位点。育成玉米、油菜及冬春小麦新品种 16 个，陇鉴 115 达到国家优质强筋麦标准。完善了快速育种与表型育种技术体系，初步建立小麦幼胚一步成苗培养和小麦一年 3 ～ 5 代快繁技术体系，适用于青稞、小黑麦、燕麦等快繁。构建了青稞花药培养技术体系，确定了幼穗取样的生态学指标。建立果树绿枝全光弥雾扦插技术体系，成苗率 94.6% 以上。研究提出马铃薯脱毒组培苗开放式快繁技术，成本降低 30% ～ 40%。

二是加快良种良法配套、推进农艺农机融合，支撑全省粮食生产。以提高粮食功能区产量和效益为核心，集成应用玉米密植增效与全程机械化技术，率先在陇东旱塬推广玉米密植增产与低水分机械粒收技术，收获期推迟 50 天，增产 10%，节本 19%，引领旱地玉米由采穗收割向籽粒收割的转变。集成创新马铃薯立式深旋松及垄上微沟种植技术，增产近 300 kg/ 亩。在陇东南集成应用了一批冬小麦新品种，兰天 36 在徽县创建了 620.8 kg/ 亩的高产纪录，兰天系列品种在特殊年份表现出特异抗性。

三是集成创新资源高效利用技术，支撑寒旱农业发展。研究提出了玉米免冬灌膜下滴灌水肥一体化、戈壁设施蔬菜和西瓜基质栽培适宜灌溉制度，研发出相应的栽培基质。在靖远、瓜州和民勤集成应用了西甜瓜化肥农药减施增效技术模式，农药减量 30% ～ 45%，肥料利用率提高 8% ～ 15%。筛选出防治马铃薯病虫害的药肥一体化产品，创建旱地果园群体结构调控与水肥高效利用技术，优质果率提高 14.5%。研制出防治蔬菜白粉病的中草药制剂，防治效果显著。筛选出 4 种中药材种子丸粒化填充材料配方，集成创新了中药材丸粒化精量播种技术，板蓝根增产 20% 以上。查明甘肃省主要农田养分流失和地膜残留现状，研究应用了地膜污染控制及减量替代技术。研究提出了益生菌与有机钴协调的秸秆饲料化技术，肉牛育肥中秸秆消化率提高 15%。

四是加强农产品产地监测评价与产后加工技术研究，支撑“甘味”农产品品牌建设。开展了兰州百合、西甜瓜、木耳、静宁苹果、敦煌李广杏、岷县当归和靖远滩羊等地域特色农产品产地环境、产品品质等监测评价，初步明确了检测及品质评价技术和地域品牌的品质特征。构建了名特优农畜产品品质标识数据库；摸清了玉米霉菌毒素发生与污染分布、黑木耳草甘膦残留及风险防控关键技术；修订了 32 项绿色食品生产技术标准；提出了基于风味品质调控的苹果白兰地生产关键技术，确定了香芹酮在马铃薯原种和原原种上产生药害的阈值。

（3）科研条件

全院科技平台建设工作稳步推进。5个国家农业科学试验站和1个油料作物学科群试验站批复建设，国拨到位资金7 300万元，位居全国省级农科院前列。国家油料改良中心胡麻分中心、兰白农业科技创新基地、甘肃省城郊农业绿色增效技术中试基地分别通过验收。农业农村部西北旱作马铃薯科学观测实验站、抗旱高淀粉马铃薯育种创新基地建设通过省级竣工验收。农业农村部青藏区综合试验基地建设顺利竣工。西北种质资源保存与创新利用中心项目于年内开工建设，作物快速繁育及分子育种平台正在建设中。果酒及小麦新产品研发平台建设完成方案制订、选址和招投标工作。甘肃省智慧农业研究中心、国家农业信息化工程技术研究中心甘肃示范基地、智慧农业专家工作站揭牌成立。新建省级农业信息化科技平台3个、省级工程研究中心1个。配合国家农业数据中心，有序推进国家农业科学实验站基础性长期性观测监测工作，上传数据11.2万个。

（4）对外合作

加强智力引进，“中以友好创新绿色农业交流示范基地”“国家引才引智示范基地”在甘肃省农业科学院落户。与俄罗斯圣彼得堡国立农业大学签署合作协议，就人才交流、科技合作、留学生培养达成合作意向。与联合国粮农组织就全球新发展背景下作物生产力提升、采后储藏与加工、粮食安全和用水管理等方面开展“一带一路”和南南合作，加强发展中国家的科研能力建设。“中俄马铃薯种质资源创新利用及产业发展关键技术转移与示范”“藜麦种质资源引进及新品种选育示范推广”等国际合作项目进展良好。举办了第五届中国兰州科技成果博览会“都市农业可持续发展论坛”“现代农业高质量发展论坛”“一带一路与乡村振兴论坛”等学术活动。开展“设施农业专家甘肃行”，为甘肃设施农业发展出谋划策。积极推进科普阵地建设，我院农业科技馆先后被命名为省、市两级科普基地。

（5）科技扶贫

精准落实脱贫攻坚各项决策部署，突出科技优势，紧盯产业扶贫，确保帮扶工作齐抓共管、形成合力。在定点帮扶的镇原县方山乡4个村，投入经费180余万元，示范玉米、小麦、马铃薯、小杂粮和畜草等良种良法2万亩，大棚蔬菜15棚，养殖羊9 000余只、牛500余头，平均增收15%以上，早熟马铃薯收入3 000元/亩以上，产业扶贫成效显著。关爱激励驻村干部，发挥驻村帮扶工作队“六大员”作用，扎实推进冲刺清零各项行动。110名帮扶责任人与联系户肩并肩，通过帮实事、解难题，全面完成帮扶任务。在各方共同努力下，4个村全部如期脱贫退出。围绕舟曲等16个深度贫困县区的特色产业，组织实施22个科技扶贫项目，建立基地27个，示范新品种25个，配套种养技术66项，示范面积超过1万亩。向36个贫困村派出科技人员，帮扶162个建档立卡贫困户科学生产，带动发展合作社 14 个。结合项目示范内容，开展培训 210 余场次，培训农民和农技人员 1.3 万人次。

（6）科技成果转化

发挥“国家技术转移示范机构”等平台作用，推动成果转移转化和技术服务交易。成立科技成果孵化中心，8 家企业入驻开展成果转化活动。成功举办“第二届甘肃省农业科技成果推介会”，以线上线下相结合，展示推介 400 项科技成果，发布 100 项重大农业科技成果。线上云展馆开通直播间 45 个，浏览人数近万人次，线下参展单位 90 多家、参会 1 100 余人次。加强与地方政府、企业的合作，先后与酒泉市、兰州新区、临泽县、中国农业银行、国寿财险公司、甘肃农业职业技术学院、甘肃农垦亚盛薯业集团、窑街煤电集团等开展跨界合作，在全方位服务农业产业发展中实现成果的知识价值。推进“陇薯入藏”“陇薯出国”，提升“陇字号”良种的社会效益和经济效益。全年签订成果转化合同 378 项，成果转化近 2 900 万元。

第二届甘肃省农业科技成果推介会现场

小麦育种观摩

（三十三）青海省农林科学院

1. 机构发展情况

青海省农林学院始建于 1951 年 5 月。2000 年 11 月，整建制划归青海大学，实行青海大学领导下的二级研究院管理体制。全院设有作物育种栽培、植物保护、园艺、土壤肥料、林业、春油菜、生物技术、野生植物资源 8 个专业研究所，拥有作物学博士后流动站，并有一级博士学位授权点 1 个，一级学科硕士学位授权点 2 个。

现有在职职工 200 人，离退休人员 220 人。各类专业技术人员 175 人，硕士以上人员占比达 58%，高级职称以上人员占比达 57%。目前有 6 人享受国务院政府特殊津贴；1 人入选国家“万人计划”青年拔尖人才；3 人获批全国优秀科技工作者；1 人荣获全国科普工作科技工作者；1 人入选国家百千万人才工程，被授予“有突出贡献中青年专家”荣誉称号；1 人荣获“第二届‘昆仑英才·青海学者’”称号；4 人入选青海省“135 高层次人才培养工程”；32 人获批青海省自然学科与工程技术学科带头人；2 个团队、25 人入选青海省“高端创新人才千人计划”；并有青海省优秀专家 4 人，青海省优秀专业技术人才 5 人，青海省“人才小高地”团队 2 个、青海省科技兴农突出贡献团队 2 个。柔性引进“昆仑学者”2 人，并有教学科研团队 23 个，国家农业产业技术体系岗位专家 4 人，青海省农业科技创新平台首席专家 4 人。

2. 科研活动及成效情况

（1）科学研究

2020 年，全院紧紧围绕区域农业特点和产业需求，全年获批省部级以上科研项目 26 项，其中，国家重点研发项目 2 项，国家自然科学基金 4 项；到位科研经费 6 271 万元，人均科研经费 33 万元。“高海拔地区特早熟高产优质甘蓝型油菜杂交种的选育与应用”再次荣获 2020 年度省科学技术进步奖一等奖、“柴达木枸杞产业关键技术研发与集成示范”获省科学技术进步奖二等奖。编制了《青海大学博士后管理暂行规定（试行）》，正式启动博士后入站工作；完成了作物学一级学科第五轮评估工作。年度招收硕博研究生

“高产抗病广适马铃薯新品种青薯 9 号选育与应用”获青海省科学技术进步奖一等奖

39 名，毕业 20 名，招收研究生人数及在读硕博士人数再创新高，较 2019 年增长 18.29%。推选研究生获国家奖学金 1 名，优秀毕业论文 1 名，优秀毕业生 2 名，研究生培养质量进一步提升，培养质量及数量进入良性循环。

（2）科研条件

拥有国字号科研平台 4 个，农业农村部国家麦类改良中心青海青稞分中心、高原油菜马铃薯良种创制国家地方联合工程研究中心（青海）、国家农业环境西宁观测实验站、国家林草局重点实验室——青海高原林木遗传育种实验室。农业部试验站 4 个，农业基础性长期性科学观测站基准站 1 个、标准站 2 个，国家绿肥产业技术体系西宁综合试验站 1 个。国家级基地 5 个，“互助杂交油菜制种基地”、“青海省农林科学院诺木洪枸杞产业技术研发基地”、国家引才引智示范基地和省级引进外国智力成果示范推广基地、国家现代农业科技示范展示基地（城北）、国家现代农业科技示范展示基地（湟源）。在农产品质量安全与检测技术方面，被认定为“全国名特优新农产品营养品质评价鉴定机构”和“全国农产品质量安全科普示范基地”。拥有省级重点实验室 7 个，新获批青海省农业有害生物绿色防控联合实验室 1 个、省科技厅“高原农作物种质资源科研科普基地”1 个、省科协科普教育基地 1 个。

（3）科技成果

荣获省科学技术进步奖一等奖 1 项，获首届青海省科学成果奖团队创新驱动奖牌 1 项，个人创新驱动奖章 2 项。登记科研成果 31 项，评价水平达国内领先以上的成果 14 项，占研究类成果总数的 58.3%，成果水平明显提升。新审定（登记）品种 4 个，获得授权专利 25 件，软件著作权 10 项，发表论文 143 篇，其中高水平论文 77 篇，论文数量与质量不断提升。

获青海省科学技术进步奖一等奖

（4）对外交流

借助丝路产学研用合作会议，积极与外国专家沟通协作，初步建立研究生合作导师机制，引进 3 名外籍专家。采取线上线下方式，举办（承办）各类会议、学术报告 32 场，内容涉及绿肥、种质资源科普、蔬菜新品种引进展示观摩、青稞产业发展及农业现代化等。积极做好创新联盟工作，成为“西北地区特色林业产业国家创新联盟”副理事长单位，承接做好西北农林科技创新联盟 2021 年度轮值主席工作，为西部旱区现代农林业发展和乡村振兴做出积极贡献。

（5）科技扶贫

巩固提升精准扶贫成果。院党委先后 3 次深入扶贫点调研、座谈，协助规划村集体产业发展。选派年轻党员科研骨干续任驻村第一书记，加强帮扶力量。组织结对党员定期开展结对帮扶活动，和农户谈心交流，解决农户的实际问题，累计入户慰问结对脱贫户 30 余人次，赠送了价值 7 000 元生活物品。依托科技优势，将科技成果转化项目落地贫困地区，并赠送价值约 11 万元种子、肥料等物资，助力脱贫攻坚。通过帮扶，切实增强了杜家洼村自身的“造血功能”，扎实推进了精准扶贫巩固提升工作的全面落实。

科技成果助力贫困地区农民脱贫

（6）科技成果转化

依托青海省农牧业科技创新平台，统筹做好新冠肺炎疫情防控和农业生产各项工作，全面推进春耕指导、农资服务保障、试验示范等工作。与全省 14 个重点县区建立对接关系，推广春油菜、马铃薯、蔬菜、蚕豆、麦类主导品种 50 余个，推广技术 39 项，示范推广面积达 500 万亩以上，培训农户 3 000 户以上。充分发挥科技优势，助力“三区三洲”产业扶贫工作，在海东市、海南州、海北州、玉树州 4 州（市）8 县区建立了优势作物新品种与高效生产技术示范基地。其中，特早熟优质甘蓝型油菜“青杂 4 号”在门源县浩门镇替代当地白菜型油菜示范中，较“浩油 11 号”增产 32% 左右；“青杂 15 号”较以往种植品种，在贵德尕让乡阿言麦村平均每亩增产 75 kg 左右，亩均增收 500 元，在互助县五十镇荷包村每亩增产 30kg 左右，亩均增收 150 元，两村村民赠送锦旗向我院表达感谢之情。“昆仑 14 号”和“昆仑 18 号”在玉树示范产量分别达到 190 kg/ 亩和 230 kg/ 亩，增产幅度达 39% 和 69%；“青薯 9 号”在青南藏区示范最高亩产达到了 3 132 kg。此外，积极开展枸杞、核桃、梨等经济林果农药化肥减施增效及轻简化栽培技术示范，推动林果栽培在简约生产模式下由数量型向质量型转变。充分发挥省农学会作用，举办“国家作物种质复份库种质资源科普开放日”等科普活动 3 次，现场技术培训及观摩 9 次，累计培训 1 000 余人次，发放各类科技宣传资料 1 000 余份；按照省科协安排，组织承办了首届青海科技创新论坛——农业分论坛，并向政府提交了《青海省青稞加工高质量发展的思考与建议》的建言稿，为青海加快绿色有机农畜产品示范省建设献计献策。

青海枸杞产业

（三十四）青海省畜牧兽医科学院

1. 机构发展情况

畜牧兽医科学院始建于 1952 年 9 月，2020 年 11 月，整建制划归青海大学，实行青海大学领导下的二级研究院管理体制，院内设有畜牧、兽医、草原 3 个研究所，以及内设高原家畜生态养殖技术所。以畜牧、兽医、草原应用研究和开发研究为主，重点研究和解决青藏高原畜牧业生产中亟待解决的带有全局性、关键性的技术问题。

全院现有在职职工 162 人，其中专业技术人员 134 人，具有高级职称的 76 人，享受国务院政府特殊津贴专家 2 人，国家百千万人才工程人选 1 人，省级学科带头人 18 人，博士 46 人、硕士 36 人。

2. 科研活动及成效情况

（1）2020 年度科研项目概况

2020 年度新获批各类科研项目共 32 项，其中国家自然科学基金项目 4 项，省部级项目 13 项，首次承担三江源国家公园联合研究专项和第二次青藏高原综合科学考察研究课题各 1 项。继续承担国家产业技术体系牧草、绒毛用羊、肉羊、燕麦 4 个综合试验站以及绒毛用羊产业技术体系普通岗位科学家 1 个；继续开展青海省农牧业牛、生猪、饲草 3 个科技创新平台的年度工作；继续承担青藏高原牧草种质资源保护利用的年度任务。

（2）重要研究进展

一是结题验收的青海省科技厅重大专项“高寒草地生态畜牧业大数据平台”项目构建了高寒草地生态畜牧业大数据业务化运行平台，支持多种数据展现方式，提供了时空数据可视化、草地畜牧业一张图、畜牧业专题地图叠加、基础 GIS 服务、计算与分析、决策与服务等功能，并研发了生态畜牧业大数据监控平台大屏，嵌入了产草量快速估算模型、草畜平衡快速评估模型、家畜补饲量模型、高寒草地遥感分类模型、草原地表遥感分类模型，草地覆盖度监测模型，为数字化畜牧业决策提供科学支撑。

二是“青海省高原牦牛研究开发中心能力建设”项目，开展了牦牛遗传与繁殖技术、牦牛营养与饲料技术和牦牛畜产品加工技术 3 个方面的关键技术研究，编制了牦牛繁育、牦牛适度补饲和牦牛肉加工等一系列技术标准，研发了牦牛肉、乳系列新产品，提升了青海地区牦牛生产的现代养殖技术水平。

三是研制了 D 型肉毒毒素仿生矿化颗粒新剂型，极大地提高了生物灭鼠毒素的耐热性，使毒素在较高温度范围内使用提供了可能。通过仿生矿化处理，降低了害鼠肠内容物对 D 型肉毒毒素蛋白的破坏强度，提高了毒素在害鼠体内的吸收效率。

四是利用高通量测序技术，结合野外植被调查及土壤理化特性和土壤微生物特征的室内分析，对退化高寒草甸采取不同修复措施后土壤真菌群落的功能结构进行了深入的基础性研究。

（3）科研条件

现有科技部省部共建“三江源生态与高原农牧业”国家重点实验室——高原生态畜牧业平台，国家发展改革委“青藏高原特有草种资源开发及应用国家地方联合工程实验室 ”，教育部省部共建重点实验室“三江源区高寒草地生态重点实验室”，农业农村部“国家农业科技创新与集成示范基地”，农业农村部“国家牦牛肉加工技术研发专业中心”；国家市场监管总局“青藏高原牦牛标准化区域服务与推广平台”，青海省牦牛工程技术中心、青海草业工程研究中心 2 个省级工程中心，4 个省级重点实验室，2 个联合实验室。

2020 年新获批青海省科学技术厅“高原家畜遗传资源保护与创新利用”“高寒草地适应性管理”2 个省级重点实验室。兽医所 P2+ 实验室建设完成项目验收。被全国畜牧总站确定为青藏高原牧草保种技术协作组牵头单位。

（4）科技成果

2020 年登记省级科技成果共 26 项，取得国审牧草新品种 2 个，取得专利授权 103 件，软件著作权 76 项，制定发布青海省地方标准 18 项，获得 2019 年度青海省科学技术进步奖二等奖 1 项，全年发表学术论文 132 篇，其中核心期刊 43 篇、SCI 30 篇，出版科技著作 7 部，其中参编 4 部。

（5）学科发展

按照“突出发展特色学科、稳步提升优势学科、积极培育新型学科”的原则，对全院优势突出、特色明显的研究领域，通过凝练研究方向、整合资源，确定了 9 个重点学科方向和特色研究领域，设置和组建了科研创新团队 9 个，确立了各团队的学科带头人，构建了结构清晰、符合科研实际的学科发展思路。2020 年成立了“高原家畜遗传资源保护与利用创新中心”“高原动物疫病诊断与防控中心”“高原抗逆木材育种中心”3 个院属研究中心。

我院承担着青海大学畜牧学、草学 2 个一级学科硕士学位点和作物学——牧草育种与栽培二级学科博士学位点的管理工作和部分教学任务。

（6）对外合作交流

2020 年承办了青海牦牛产业联盟组织的“2020 年牦牛产业发展论坛”。成功举办了全国草业科学院所长联盟、国家林业和草原局草地资源保护国家创新联盟 2020 年会暨“草地生态系统保护与草业发展”会议。协办全国首届“科技创新论坛”，参加全省首届生态产业专家论坛，并做大会特邀报告 2 人。参加全国动物营养大会，应邀做会议专家报告。在研青海省科技厅国际科技合作计划 1 项。

（7）科技扶贫及科技成果转化推广情况

依托国家产业技术体系综合试验站和产业科技创新平台，充分发挥我院对全省畜牧业发展的科技支撑作用，积极为企业、基层技术人员、农牧民服务，开展各类实操技术的基层培训，推动产业发展，助力脱贫攻坚。

在一年生高效饲草种植方面，形成了“科研单位 + 公司 + 基地”的产业模式，采取箭筈豌豆与高寒饲草燕麦混播技术进行种植，通过专家指导，鲜草亩产最高超过了 5 000 kg，共种植饲草 300 多亩，实现产值增产约 40 万元；我院研发的燕麦配套栽培技术广泛应用于燕麦适宜种植区域，将青海省东部脑山和浅山地区的撂荒地和弃耕地用于燕麦生产，取得了良好的经济效益和生态效益。在湟中县种植燕麦面积 25 万亩，种植面积占全县耕地面积的 23.8%，全县燕麦种植生产年收入约 1.4 亿元，每年带动农户约 2.5 万户，解决就业劳动力约 1 万人。

在多年生草地恢复与治理方面，采用中华羊茅、披碱草和早熟禾混播技术，共恢复治理草场 400 多亩，实现年产值增产约 5 万元，并产生了较好的生态效益。

应用拥有自主知识产权的狼毒、黄帚橐吾防治技术，在河南县防治黄帚橐吾 30 万亩，海北州海晏县、刚察县和黄南州泽库县等地防治狼毒 40 万亩，草产量获得大幅度提升，经济效益提高显著，受到技术人员和农牧民广大好评。

采用放牧加补饲方式，通过早期断奶、基因筛选等科技手段，选取良好的牦牛品种资源，使牦牛繁殖率及综合生产力较以前提高 10% 左右，为畜牧业的发展提供了经济效益。

对犊牦牛腹泻病进行了区域防治，最终很好地控制了当地疫病的发生，降低了牧民经济损失，累计发放针对性治疗药物共计 2 000 头份，基本控制了疫病的继续发生，90% 的发病犊牛得到治愈，按每头犊牛 800 元计，挽回经济损失 120 余万元。

全院科研人员将八眉猪哺乳、断奶仔猪饲养管理技术在互助、湟中、大通县进行推广，形成了 3 项技术规范，断奶仔猪腹泻率降低 15%，成活率提高 5%，饲养成本降低，增加效益 32.47 万元。

示范应用藏羊两年三胎技术，仅试验站示范基地和示范户 2 000 只母羊，1 年增收 120 万元，起到了很好的示范带动作用。

（三十五）宁夏回族自治区农林科学院

1. 机构发展情况

宁夏回族自治区农林科学院成立于 1958 年。目前，全院内设 7 个职能处室及机关党委，下属 11 个公益性研究机构、6 个院监管企业和 1 个后勤服务中心；在职职工 768 人，其中，事业编制 504 人，转制科技企业 264 人，高级职称 286 人(其中，二级研究员 11 人，正高 101 人，副高 185 人)；博士 39 人，硕士 273 人；获国家及自治区各类人才称号 147 余人次，其中，列入自治区“院士后备人才”1 人，国家百千万人才工程 7 人,国家“有突出贡献中青年专家”3 人，享受国务院、自治区政府特殊津贴专家 21 人；自治区“塞上英才”3 人，“宁夏创新争先奖”6 人。

2. 科研活动及成效情况

（1）科研立项及科技成果

组织实施各类科研项目 374 项，其中，国家级项目 51 项。获 2020 年度自治区科学技术进步奖 16 项（一等奖 2 项、二等奖 3 项、三等奖 11 项）；取得登记成果 60 项，授权国内专利 170 件（发明专利 14 件、实用新型专利 145 件、外观专利 11 件），国外专利 13 件，软件著作权 34 件；审定国家品种 2 个，自治区品种 11 个，非主要农作物品种登记 4 个，获植物新品种权 3 个；制定地方标准 26 项，团体标准 10 项；发表论文 333 篇（其中 SCI24 篇、EI 3 篇、核心 139 篇），出版专著 7 部。

（2）重要研究进展

玉米新品种银玉 439 和小麦新品种宁 3015 通过国家审定，填补了我院自育玉米国审品种的空白。示范的小麦新品系 M6445 匀播亩产 698.87 kg，创春小麦历年单产最高纪录。玉米低水分籽粒直收技术示范区，最高亩产 1 252.58 kg，创今年宁夏玉米单产最高纪录。培育出高抗高产砧木南瓜品种“宁砧 1 号”，筛选出 2 种西瓜根系促生技术，提升植株抗性，自根西瓜产量提高 15.2%；研究提出青花菜、娃娃菜、西蓝花等蔬菜高效种植模式 14 种。选育滩羊三世代（G3）个体 1 064 只，多胎品系选育核心群存栏 943 只，持续开展多胎主效基因 *FecB* 检测辅助选择育种，定位控制尾型性状相关的 *FUT9* 基因、肉质风味相关的 *NISCH* 基因、生长性状相关的 *EYA2* 基因，开发滩羊基因鉴定试剂盒 2 个，构建了三级繁育体系，研发精深加工分割高端产品 15 个。完成 60 份种质资源胡萝卜素、总糖分析及耐热

彭阳县中庄示范区沟道侵蚀得到控制，侵蚀沟停止下切

性、抗旱性等性状评价，获得 4 个单倍体植株；建立了 4 种篱架栽培修剪模式；熟化枸杞花色苷、枸杞红素等活性成分提取工艺，阐明其对肠道微生物种群的调节作用影响。研制出枸杞开沟机、定植机等 6 类枸杞专用农机智能监控模块和通用车载终端。提出了贺兰山东麓不同种植区病虫害规范化防治技术方案 5 套，在贺兰金山示范的土水协同精准补灌，水质酸化调节 + 酸性功能肥料 + 土壤改良剂的营养均衡补给等技术，提高光合效率 13%，亩增产 80 kg。研发的高效复合促腐菌剂及保氮型温室气体减排调理剂，突破有机肥保氮除臭快速发酵技术，实现养殖粪便发酵周期比常规缩短 6 天、保氮量增加 25%、CH_4 减排 68%、CO_2 减排 48%，实现畜禽粪便治理与土壤培肥有效结合。筛选出蒙古冰草、牛枝子、草木樨状黄芪 3 种适宜退化草原补播改良的乡土牧草，研发出配套种子繁育技术，集成创新荒漠草原退化植被修复技术模式 3 项，示范区优质牧草比例提高 20% 以上。建立了放牧型人工混播草地建植与控制性放牧相结合的种养一体化高效养殖模式，被自治区农业农村厅列入全区饲草产业结构优化调整实施方案。

（3）科研条件

拥有国家工程研究中心 1 个，农业农村部枸杞产品质量监督检验测试中心 1 个，部委研究中心、试验站 4 个，国家现代农业产业技术体系综合试验站 14 个，国家区域农业野外科学观测站 3 个，农业农村部国家农业科学观测实验站 1 个，自治区重点实验室（工程中心）13 个（含 3 个企业技术创新中心），自治区现代农业示范基地 2 个。自治区创新团队 13 个，柔性引进创新团队 4 个。

（4）成果转化与对外交流合作

以 6 个院地共建基地合作为主，支撑服务各类新型经营主体 56 家，示范推广技术成果 158 项，建立核心示范面积 15 万亩，辐射带动 130 万亩；完成培训 162 场次，培训人员 17 000 人次。签约转让新品种、新技术以及授权专利等技术成果 12 项，实现收

国审玉米新品种——银玉 439

设施瓜菜补光技术研究应用

益 305 万元；并与西北农林科技大学进行了技术需求对接洽谈，签订了 5 项合作协议；2020 年累计登记技术合同 340 项，技术合同成交额 7 394 万元。全面启动由中国工程院尹伟伦院士、宁夏农林科学院枸杞科学研究所曹有龙研究员牵头主持的中国工程院院地合作项目“宁夏枸杞现代化高质量发展战略研究”。

（5）科技扶贫

与自治区科技厅、农业农村厅联合制定了《2020 年宁夏贫困区小杂粮高效种植技术示范与推广项目实施方案》，实施的草畜、小杂粮、冷凉蔬菜、中药材 4 个“科技支宁”科技扶贫东西部协作行动项目全部通过现场验收。集成示范的优质高产谷子新品种、渗水地膜、波浪式机穴播等轻简栽培技术，最高亩产达 713.1 kg，亩纯收入 3 568.6 元，为我区中南部干旱带脱贫攻坚提供了技术支撑；集成示范露地冷凉主栽蔬菜优势品种及高效栽培、病虫害绿色防控、农机农艺融合等新技术 28 000 亩，亩均节支 920 元，降低化肥使用量 17.9%，亩产提高 13.4% ～ 18.6%。形成的科技扶贫模式可复制推广，为引领冷凉蔬菜产业高质量发展带动精准扶贫提供技术和产品支持。示范推广的草畜耦合与循环农业模式，突破了资源制约性特困地区肉牛产业发展的技术瓶颈，示范区养殖户由项目实施前的 340 户发展到 478 户，肉牛存栏数由 2 100 头增加到 5 360 头，种养结合农业综合效益提高了 25.58%，精准帮扶 329 户建档立卡 1 666 人脱贫，开展各类扶智专题培训 86 期，培训基层技术骨干、养殖户 10 884 人次，总结提出的“马沟模式”成为产业科技扶贫的样板，在相同生态区广泛推广。

智慧枸杞园示范基地

（三十六）新疆维吾尔自治区农业科学院

1. 机构发展情况

新疆农业科学院创立于 1955 年，是自治区人民政府直属的综合性、公益性省级农业科研单位。全院设有 17 个专业研究所（中心）、1 个分院（伊犁分院），10 个试验场站。截至 2020 年 12 月，在职职工 957 人，其中高级职称 486 人，博士 104 人。拥有中国工程院院士 1 名，国家百千万人才工程人选和“万人计划”科技创新领军人才 7 人，国家“有突出贡献中青年专家”7 人，享受国务院政府特殊津贴专家 70 人；自治区有突出贡献优秀专家 42 人，优秀专家 51 人，天山领军人才 11 人，天山英才计划 65 人次；国家现代农业产业技术体系岗位科学家、综合试验站站长 33 人，高层次人才队伍基本形成。青年科技骨干迅速成长，40 岁以下科技人员 521 人，占全院科技人员的 62.2%，已成为科技创新的骨干力量。全院科技队伍整体素质有较大提升。

全院建有国家部委、自治区级各类平台 72 个，拥有各类平台实验室总面积 1.22 万 m^2，科研仪器设备 4 152 台（件），设备总金额 1.17 亿元，可用于试验、示范、良繁的科研用地面积 1.5 万亩。

2. 科研活动及成效情况

（1）科技创新取得明显成效

加强项目顶层设计和组织策划，全年新上项目 206 项，国拨合同经费 1.69 亿元，到位经费 1.22 亿元。其中获批国家自然科学基金项目 17 项，直接经费 802 万元；获批红枣、杏产业专家团队首席专家 2 个。组织申报各类科技成果奖励 19 项，获得科技奖励 14 项，其中，“沙漠绿洲棉花高产高效生产关键技术创新与应用”在第五届摩洛哥“非洲创新周”国际沙龙中获得技术发明金奖，该成果较为系统地攻克了绿洲棉花高产高效生产多环节关键技术难题，多项技术达到国际领先水平。完成成果登记 27 项，成果评价 3 项，均达到国际先进水平。审（认）定品种

大豆测产

机采棉品种源棉11号单株

长绒棉机采品种新海60号单株

17个，其中国审品种10个；获得新品种保护权4项；获授权专利（软著）174件，其中发明专利23件；获颁布地方标准36个；发表各类论文321篇，其中SCI/EI收录44篇；出版专著11部。

在基础研究方面，利用基因编辑和自交剔除技术，成功剔除加工番茄中不利于固形物增加的两个基因，大幅缩短番茄品种改良转育周期；首次在新疆西瓜上发现西瓜皱叶相关病毒“病毒1号”；国内首次鉴定并报道侵染甜瓜白粉菌的真菌病毒、侵染番茄的番茄褪绿黄化病毒。

在新品种选育与示范方面，培育出南疆机采棉高产优质新品种“源棉11号”，品质达到“双30”标准；长绒棉品种“新海60号”籽棉产量达546.9 kg，实现了新疆长绒棉高产的新突破；“新冬53号”以亩产785.1 kg刷新北疆优质小麦实收纪录；在泽普县开展麦茬夏播大豆高产示范，亩产达到310.74 kg，再次刷新新疆麦茬夏播大豆高产纪录。组织开展了新疆第三次农作物种质资源普查和调查工作。在技术创新方面，构建了“使用棉花专用地膜+播前土壤耕层残膜回收+耕前地表残膜回收和秸秆还田联合作业+残膜资源化利用”为关键技术的新疆棉田地膜污染防治技术体系。初步明确了番茄潜叶蛾传播扩散规律，提出了适宜于当地的番茄潜叶蛾监测和综合防控技术；明确了三裂叶豚草的无人机飞防技术；自主研发的第三代葡萄保鲜产品“缓释型葡萄保鲜垫”在国内外销售超过600万张。

（2）科研设施及条件平台持续改善

获批农业农村部国家农业科学实验站4个，学科群重点实验室和野外观测实验站各1个。同时积极落实自治区党委工作部署，推动“千亩抗病砧木工厂化繁育基地”“100亩自治区级特色林果苗木繁育基地”“国家奇台县绿色农业发展长期固定观测试验站”等一批院地共建平台建设。

（3）服务乡村振兴决策咨询水平持续提升

完成新疆农业农村大数据软件系统运行功能结构和微服务框架设计、功能模块的原型设计；提交《新疆长绒棉发展存在的问题与技术应对策略》等重大问题决策研究报告、决策建议 20 余份，组织完成《自治区“十三五”扶贫开发规划评估及“十四五”巩固脱贫成果规划》等 10 余份规划的编制。其中，《关于加强南疆少数民族妇女工作建议》获自治区党委副书记李鹏新同志批示。

机采棉品种源棉 11 号及综合农艺配套技术现场观摩会

（4）科技合作领域不断拓展

完成科技部国际合作基地自评估，获批国际合作项目 15 项，执行国家外专局高端外国专家引进项目 3 项，依托项目展示新品种、新技术和新产品，示范效益显著。与 16 个农业管理部门、46 个科研机构、45 家农业企业开展深度合作，对接帮扶 10 余家农民专业合作社、农场，在新品种展示示范、良种繁育推荐、新技术示范与推广等方面开展了深层次合作。

（5）科技推广与服务工作扎实推进

2020 年面对新冠肺炎疫情的影响，积极调整科技服务思路，创新农业科技服务方式，近百名专家利用微信群、新媒体等线上线下结合的方式，开展技术服务和指导，及时解决基层生产难题，示范推广各类作物品种（品系）101 个，其中 10 万亩以上品种 27 个，综合或单项栽培技术 126 项，品种和技术推广面积 4 155 万亩；推广残膜回收机等农机具 61 台（套），新建示范基地 18 个，巩固完善示范基地 105 个，举办各类培训班、观摩会 1 337 场次，培训 20.61 万人次，发放各类技术宣传资料 10.22 万份。

（三十七）新疆维吾尔自治区农垦科学院

1. 机构发展情况

新疆维吾尔自治区农垦科学院是新疆生产建设兵团（以下简称兵团）直属的以农为主的综合性科研单位，创始于 1950 年，前身是新疆军区和二十二兵团建立的农业试验场。1959 年，兵团以农试场为基础成立农林牧科学研究所。1969 年，农科所解散，1979 年恢复后改称新疆农垦科学研究院，1983 年更名为新疆农垦科学院。

新疆农垦科学院现有机关处室 10 个，有作物、畜牧兽医、机械装备、棉花（植保）、林园、农田水利与土壤肥料、农产品加工、科技信息、生物技术、分析测试 10 个研究所（中心）和《新疆农垦科技》《绿洲农业科学与工程》2 个编辑部，院下属 1 个试验农场和新疆三赢农业科技发展有限公司等 13 家国有和国有控股科技企业。拥有省部共建绵羊遗传改良与健康养殖国家重点实验室、农业农村部西北内陆棉区棉花生物学与遗传育种重点实验室、谷物品质与遗传改良兵团重点实验室、国家农作物种质资源库——新疆兵团种质资源分库等国家及省级科研条件平台 21 个，是兵团棉花学会、植物营养学会挂靠单位。

2. 科研活动及成效情况

2020 年获批科研项目 40 项，到位各级各类项目经费 3 131 万元。发表学术论文 146 篇，其中 SCI17 篇，EI1 篇。申请专利 93 项，授权 81 项，其中发明专利授权 8 项；实用新型专利授权 32 项；软件著作权授权 41 项。国家科技成果登记系统中登记科技成果 22 项。国家品种审定委员会审定 1 个棉花品系。依托我院建设《兵团现代农业科技创新研究智库》批准成立。获兵团科学技术奖共计 8 项，其中科学技术进步奖特等奖 1 项；科学技术进步奖突出贡献奖 1 项；科学技术进步奖二等奖 6 项。5 位青年科技工作者获得“兵团第六届青年科技奖”荣誉。

扎实推进科技服务，组建 16 个科技特派员“专家服务团队”深入兵团 4 个师 20 个团场和地方 4 个县、1 个村，围绕提升特色优势产业发展水平、提供产业发展咨询、产业科技攻关、实用技术指导及培训等方面开展精准科技结对帮扶。2020 年我院专家服务团队服务次数 195 人次 1 366 天，协助服务团场和南疆地方县引进新品种 47 个，协助引进农牧业新技术和新成果 48 个，农牧业新品种、新技术示范推广辐射面积达 359.31 万亩；建立示范基地 23 个；培养基层技术骨干 258 人；举办培训 69 场；现场观摩 72 次；培训人数 10 457

人次；帮助受援对象增收 386 万元；带动农户 1 167 户。

（1）“春大豆膜下滴灌超高产栽培模式”创造全国大豆高产新纪录

2020 年，新疆农垦科学院大豆研究团队采用春大豆膜下滴灌超高产栽培模式开展高产大豆品种吉育 86 的超高产示范，10 月 1 日经国家大豆产业技术体系组织专家现场实收计产，平均亩产 454.54kg，创造全国大豆高产新纪录。

我院大豆研究团队和中国农业科学院、吉林省农业科学院合作，多方探索筛选具有超高产潜力的品种和优化大豆膜下滴灌超高产栽培关键技术，逐渐形成在西北灌区条件下大豆水肥一体化高产栽培模式，解决超高产大豆田易倒伏、花荚脱落率高、易早衰、鼓粒不足等瓶颈问题。

新疆农垦科学院创建的“春大豆膜下滴灌超高产栽培模式”为我国大豆高产提供技术新路径，提升新疆大豆区域单产水平，具有广阔的推广应用前景，对缓解我国大豆供需矛盾、降低对外依存度、保障粮食安全意义重大。

（2）酿酒葡萄生产管理全程机械化关键技术装备研发

围绕酿酒葡萄省力、优质、稳产总目标，从适于机械化作业的葡萄栽培技术标准化入手，通过酿酒葡萄“厂”字形树形和架式改造，制定机械化作业的酿酒葡萄栽培技术标准园技术措施，突破适于砂砾土壤的葡萄机械化清土技术、施肥深度及肥量可控技术、快速修剪（株型处理）技术、保障果品质量安全的高效喷雾技术。在新疆生产建设兵团建立适于机械化作业的酿酒葡萄标准园示范点 1 个，示范园面积

扒藤机

牵引式静电喷雾机

遥控喷雾机

夏季修剪机

50 亩，实现酿酒葡萄生产管理机械化作业。制定酿酒葡萄机械修剪、遥控喷雾、有机肥施用作业技术规程 3 项。

通过项目实施，以点带面，推动新疆兵团酿酒葡萄生产的扒藤、机械修剪、病虫害防治等机械化进程，有利于促进酿酒葡萄产业标准化、集约化、产业化的快速健康发展，降低葡萄种植劳动强度和劳动成本投入，提高酿酒葡萄产业的综合经济效益。生产管理机械可拓展应用到鲜食葡萄及苹果、核桃、柑橘等水果产业，前景广阔。

（3）羊肚菌资源收集和人工栽培研究

新疆农垦科学院生物技术研究所在新疆羊肚菌资源收集与栽培技术开发方面取得重要进展：发现野生羊肚菌中国新记录种 1 种，新种 1 种，引进羊肚菌菌株 8 株，通过栽培试验筛选出 5 株适合新疆种植的菌株，从种源方面解决了种植户“不出菇，出菇难”的问题。通过与中国科学院昆明植物研究所合作，筛选出梯棱羊肚菌、六妹羊肚菌等 30 株优质高产菌株，其中 4 株新疆本地可出菇菌株，通过栽培技术研究，掌握了羊肚菌生长发育不同阶段温度、湿度、光照等必要条件，形成了技术规程。保护了新疆本地资源，为人工栽培羊肚菌提供了菌种资源，为开发具有自主知识产权的羊肚菌菌种奠定了基础。有利于新疆野生食用菌资源的保护，促进本地资源合理开发应用。

人工栽培羊肚菌

（三十八）新疆维吾尔自治区畜牧科学院

1. 机构发展情况

新疆维吾尔自治区畜牧科学院成立于 1982 年，是专门从事以草食家畜为主的科学研究、技术开发、示范推广、成果转化、工程咨询与人员培训等任务的综合性科研机构。现有畜牧研究所、兽医研究所、草业研究所、畜牧业经济与信息研究所、生物技术研究所、饲料研究所、畜牧业质量标准研究所、奶业研究所 8 个研究所，以及 2 个中心——离退休职工服务管理中心和新疆畜牧科学院工程咨询中心。截至 2020 年底，全院在职职工 374 人，其中专业技术人员 297 人，占全院职工总数的 79%，专业技术人员中，正高 63 人，副高 123 人，中级职称 77 人，博士 42 人，硕士 107 人。有博士生导师 4 人、硕士生导师 25 人。入选国家百千万人才工程 3 人，获得国家“有突出贡献中青年专家”荣誉称号 2 人，进入国家现代农业产业技术体系 9 人，自治区第二期天山英才培养人选 21 人、自治区第三期天山英才培养人选 12 人，天池青年博士计划 3 人，享受国务院政府特殊津贴专家 31 人，全国先进工作者 1 人，自治区有突出贡献优秀专家 7 人，“开发建设新疆奖章”获得者 1 人，国家农业科研杰出人才 1 人，全国农业先进个人 1 人，全国农业农村系统先进个人 1 人，自治区三八红旗手 1 人，自治区脱贫攻坚创新奖 1 人，新疆最美科技工作者 1 人，自治区巾帼建功标兵 2 人，自治区优秀归国留学人员 3 人；聘请中国工程院院士 2 人和国内 14 位专家为我院客座研究员。

2. 科研活动及成效情况

（1）科研项目取得新进展

① 组织申报国家及自治区科研项目 63 项，批准立项 6 类计划 46 个项目。提交 67 项 2020 年度自治区畜牧业地方标准制定、修订项目，获批 39 项。集中优势力量抓好奶业振兴、和田地区特色畜禽安全高效生产关键技术集成与示范、南疆驴产业关键技术集成与示范 3 个自治区重大（重点）科研项目的立项实施。② 组织完成 155 个在研项目的年度进展检查，完成 3 个自治区重点实验室、1 个国家地方联合工程中心的评估。组织完成自治区农业技术推广与服务项目、公益性基本科研业务经费专项等 24 个项目的结题验收。修订了《新疆畜牧科学院科研项目管理办法》《新疆畜牧科学院科研项目资金管理办法》，规范了全院各类科技项目从申报到验收全过程的管理要求。

（2）科技创新再上台阶

我院开发的“布氏菌病活疫苗（A19-ΔVirB12 株）”获国家三类新兽药证书。推荐 5 项成果申报 2020 年度自治区科技奖励，获得自治区科技进步奖一等奖 2 项（其中 1 项作为第二完成单位）、二等奖 2 项、三等奖 1 项。制订颁布地方标准 15 项，授权发明专利 3 项、实用新型专利 29 项，授权计算机软件著作权 12 项，主编或参编著作 4 部，发表学术论文 95 篇，其中 SCI 论文 7 篇。我院召开第二次全疆科技成果转化奖励大会并对院团队给予奖励 666.69 万元，进一步激发全院科研人员坚持“四个面向”创新创业的干劲和动力。

国家三类新兽药证书

（3）科技服务高效开展

① 面向生产需求积极推进科技培训。依托“三区”人才选派、科技特派员、推广技术体系等项目，完善了《棉副产品饲料化利用实用技术手册》《肉用种牛的选择鉴定和饲养管理技术》等实用技术培训教材，制作《牧歌悠扬》《格桑花开》等人畜共患病防控宣传片，科技培训 130 余场次、参训农牧民及技术员 2 5000 余人次，提供技术指导 65 次、咨询服务 28 次，发放各类生产技术资料 6 000 余份。② 围绕产业重点加大技术推广应用。紧扣五大振兴行动统筹科技力量和项目资源，着力推动技术研发、科技服务、示范带动一体化全面展开。在肉羊增产方面，完成阿勒泰羊、哈萨克羊、巴音布鲁克羊、和田羊和多浪羊 5 个地方品种的核心群组建及整群、建立育种技术体系、开展配套生产技术应用推广。示范推广多胎羊适度规模高效养殖技术体系，羔羊繁殖成活率达 95% 以上，年产羔率达 260% 以上。重点研发项目“肉羊高效繁育技术工艺优化研究”开展了阿勒泰羊、多浪羊的激素诱导多胎试验，引导并形成农区小规模大群体湖阿杂交羊的群体，取得较好成效。在奶业振兴方面，牵头实施奶业重大科技专项，开展了高产奶牛群体生产性能评估与推广、优质乳工程推广与示范、奶业品牌竞争力提升与信息化技术示范等研究工作。完成每月 2.2 万头奶牛生产性能测定任务，有效数据率达 85% 以上。开展了全区奶业调研工作，形成《2020 年新疆奶业调查研究报告（送审稿）》。在肉牛增产方面，为全区的肉牛养殖龙头企业提供科学养殖、疫病防控、优质高产的技术指导及产业咨询等服务。初步建立新疆褐牛育种数据库，制定了《中国安格斯牛标准》。专门组织技术服务队蹲点为塔什库尔干县牦牛产业提供发展规划、提纯复壮、遗传改良、规模化标准化饲养管理等专业化技术服务。

（4）科技助力脱贫攻坚

抽调全院精干技术力量组成7个脱贫攻坚工作指导组，联合院国家产业技术体系7个岗位科学家和3个综合试验站技术团队，以南疆四地州深度贫困区和定点扶贫县皮山县、阿克陶县、塔什库尔干县、麦盖提县为重点，走访养殖企业、合作社120多家，养殖大户1 250多户，下沉蹲点指导实施畜牧产业扶贫项目、开展技术推广服务、针对当地重点发展的驴、肉牛、牦牛养殖开展技术培训。抓好科技扶贫任务的组织协调，承担国家农业农村部指定的南疆深度贫困区对口帮扶工作任务的组织协调，牵头组织国家32个现代农业产业技术体系200余位专家，分批到南疆4地州26个贫困县市针对性开展以生产指导、科技培训、技术服务、捐赠科技图书和培训教材、赠送饲料、防疫药品生产物资等对口帮扶工作；派出3人技术服务组蹲点巴楚县色力布亚镇12村，启动规模养鸡场粪污资源化利用的种养循环农业模式科技示范，指导1.6万羽集约化蛋鸡生产，日产鸡蛋14 200枚，生产有机肥超30 t。

（5）“院地共建”迸发活力

① 推进建设南疆养殖科技示范基地，组建团队蹲点，在墨玉县县萨依巴格乡指导建立存栏1 800只多胎羊的良种繁育基地和存栏1.3万对种鸽的种鸽场，开展了多胎羊适度规模标准化生产技术集成与示范推广，探索建立了“公司＋基地＋贫困户＋科研院所”托养模式和“养殖大户＋贫困户＋科技服务团”自养模式2种产业科技扶贫模式，带动全乡495户贫困户依靠养殖多胎羊实现户均增收1 800～4 000元，解决贫困人口就业33人，为南疆农区肉羊生产方式由传统粗放型向现代高效型加速转变树立了典范，为接续乡村振兴提供了样板。② 不断深化新疆畜牧科学院伊犁分院建设。在我院和新疆伊犁州畜牧总站联合成立新疆畜牧科学院伊犁分院的基础上，探索完善“技术团队＋项目引领＋基地牧场＋公司”合作机制，以新疆褐牛和哈萨克羊高质量发展为主要目标，先后为当地5个县市的核心育种

新疆褐牛核心群放牧中

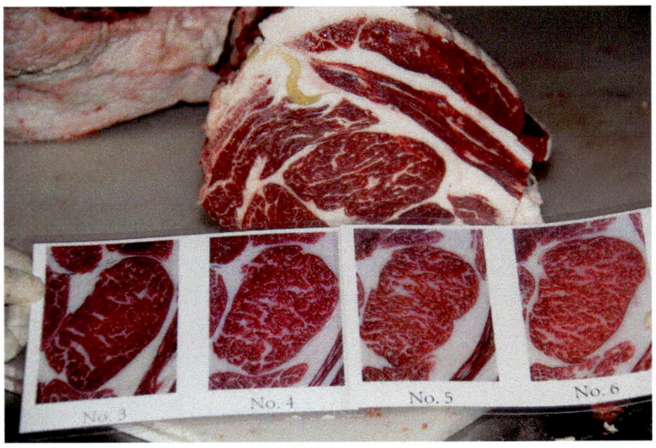

新疆褐牛分割肉（上脑）

场、牧场、专门化养殖企业、家庭农场、合作社提供了育种建群、冻精制作、良繁、种畜鉴定、人员技术培训等技术服务，改良肉牛 12 万头，肉羊 5 万只，带动当地农牧民 2 500 余人增收。

新疆墨玉县多胎肉羊基地

多胎肉羊

（6）“科企合作”探索求新

积极探索与企业合作方式，用活全院优势资源，形成“产学研一体、育繁推融合”的互利共赢机制，在资本市场寻求新的发展空间。① 与新疆雪峰投资控股有限责任公司签订战略合作协议，共同发起成立“新疆雪峰农业科技有限公司”，在精河县取得 20 万亩土地经营权，建设 20 万 t 饲料加工、10 万头生猪和 10 万只肉羊生产基地。② 与新疆润来生物科技有限公司进行合作，共同发起成立“新疆康健生物饲料研发中心”，致力于优质生物饲料产品研发。③ 与新疆康普森生物技术有限公司签订合作协议，共同建设“新疆动植物分子育种联合实验室”，共同促进新疆动植物种业工程技术和产业链的延伸发展。

“科企合作”签订协议

（7）条件平台建设继续夯实

① 加快推进“动物包虫病国家参考实验室改扩建”进度，完成设备仪器采购等工作，改扩建工程进入收尾阶段。② 积极推进“西部地区国家畜禽基因库”项目建设，完成项目

规划、用地审查、非水源地保护、先行使用草原报备及实验楼建设环评、地勘、初步设计批复和施工图设计等相关工作。

（8）对外交流与合作稳步推进

依托国家和自治区项目，与新西兰梅西大学、哈萨克斯坦农业部种畜场和俄罗斯新西伯利亚农业大学开展新疆绵羊全基因组、多羔候选基因和高寒环境适应性等研究；与西北农林科技大学、中国农业科学院动物研究所等合作开展绵羊基因组编辑技术研究。选派专家学者参加各类学术研讨和交流会议 25 场次。与伊犁创锦犇牛牧业有限公司联合参加“中国首届牛肉品鉴活动”。与昌吉市、且末县、尉犁县政府、新疆骆甘霖生物科技有限公司、喀什金慧通实业开发有限公司等签订战略合作协议，建立长期技术服务机制。

（9）人才强院战略不断深入

坚持人才优先的工作方针，激励成才成长。结合我院今后在畜牧业高质量发展事业方面的需要，经过充分酝酿，一次性调整 30 名科技干部到关键岗位上，优化干部结构，理顺各所（中心）科技创新进程中的人才不均衡问题。组织推荐 2020 年国家百千万人才工程人选 2 人，自治区政府特殊津贴人选 5 人，第二届全国创新争先奖科技工作者 1 人，“新疆最美科技工作者”1 人，留学人员联谊会第一次全国会员代表大会代表 1 人；完成 2 名特培学员的总结、考核等工作。落实 2020 年度“天山沃土计划”农牧业骨干人才培养人选 12 人（其中我院派出 5 人，接收地州培养人选 7 人）培养方案、人员选派、接收、管理等各项工作；接收了我院承担自治区 2020 年少数民族骨干人才特殊培养人员 3 人，落实了培养单位、导师、培养方案等工作；做好 2019 年 2 名一年期特培学员的结业和总结各类工作；组织 3 名博士后中期考核相关事宜。